EUROPA LEHRMITTEL

EUROPA FACHBUCHREIHE
für Farbtechnik und Raumgestaltung

Formeln und Tabellen

für Raumausstatter, Polster- und Dekorationsnäher

VERLAG EUROPA-LEHRMITTEL · Nourney, Vollmer GmbH & Co. KG

Düsselberger Straße 23 · 42781 Haan-Gruiten

Europa-Nr.: 46178

Autor:
Michael Wild, Studiendirektor, Obergriesbach

Das vorliegende Buch wurde auf Grundlage der aktuellen amtlichen Rechtschreibregeln erstellt.

2. Auflage 2018
Druck 5 4 3 2

Alle Drucke derselben Auflage sind parallel einsetzbar, da bis zur Behebung von Druckfehlern untereinander unverändert.

ISBN 978-3-8085-4615-4

Umschlaggestaltung: Andreas Sonnhüter, 40625 Düsseldorf
Satz: Typework Layoutsatz & Grafik GmbH, 86167 Augsburg
Druck: Dardedze hologrāfija SIA, Rencēnu iela 10A, 1073 Rīga (LV)

Vorwort

Die Formelsammlung für Raumausstatter und Polster- und Dekorationsnäher enthält alle Formeln und Tabellen, mit denen der überwiegende Teil der mathematischen Probleme in diesen Berufen gelöst werden kann. Die Formelsammlung ist sachlogisch nach Themen unterteilt.

Die Auswahl der Formeln und Tabellen orientiert sich in erster Linie an den Anforderungen der Berufsausbildung und der Vorbereitung zur Meisterprüfung. Sie sollen aber auch Gesellen und Meistern in der Berufspraxis eine Hilfe sein. Für die Auswahl und Zusammenstellung der Formeln und Tabellen wurden die gültigen Rahmenlehrpläne der einzelnen Bundesländer zugrunde gelegt. Die einschlägigen Normen wurden berücksichtigt.

Darüber hinaus kann die Formelsammlung aufgrund vergleichbarer Inhalte auch bei Polsterern, Fahrzeugpolsterern, Sattlern und Bodenlegern eingesetzt werden.

Um die Verwendung in Prüfungen zu ermöglichen, wurde bewusst auf Anwendungsbeispiele zu den Formeln verzichtet.

Sommer 2018 Michael Wild

Inhaltsverzeichnis

Konstruktive Geometrie

Diagramme

Werkstoffabhängige Berechnungen

Berechnung bei Textilien

Garn- und Feinheitsbezeichnungen

Textile Flächen

Berechnung bei Polsterarbeiten

Berechnung bei Dekorationsarbeiten

Berechnung bei Wand- und Deckenbekleidungsarbeiten

Tapezieren

Wandbespannung

Deckenbespannung

Wandbelag

Berechnung bei Bodenlegearbeiten

Verlegung

Bodenbeläge

Bodenverspannungen

Fliesenbedarf

Treppen

Lohnberechnung und Kalkulation

Lohnberechnungen

Kostenrechnen und Kalkulationen

Abschreibung

Tabellenverzeichnis

Allgemeine und Technische Mathematik

Mathematische Grundlagen

Größen und Einheiten

Formel-zeichen	Größe	Basiseinheit + SI-Einheit	Einheiten-zeichen	Weitere Einheiten
l	Länge	Meter	m	dm, cm, mm
b	Breite			
h	Höhe			
d	Durchmesser			
e	Diagonale			
r	Radius			
s	Sehnenlänge			
U	Umfang			
A	Fläche (area)	Quadratmeter	m^2	dm^2, cm^2, mm^2
M	Mantelfläche			
O	Oberfläche			
V	Volumen	Kubikmeter	m^3	dm^3, cm^3, mm^3
V	Liter	Liter	l	
α, β, γ	Winkel	Grad	°	
t	Zeit	Sekunde	s	min, d (Tag), a (Jahr)
m	Masse	Kilogramm	kg	g, t (Tonne)
ϱ	Dichte (rho)	Kilogramm pro Kubikmeter	$\frac{kg}{m^3}$	$\frac{kg}{dm^3}$, $\frac{g}{cm^3}$
F	Kraft (force)	Newton	N	kN, dN
F_G	Gewichtskraft	Newton	N	
p	Druck (pressure)	Pascal bar	Pa bar	
T	Thermodynamische Temperatur	Kelvin	K	
θ	Celsius-Temperatur	Grad Celsius	°C	

Zeichen und Symbole

Zeichen	Bedeutung
+	plus, addiert
−	minus, subtrahiert
·	mal, multipliziert
:	geteilt, dividiert
±	plus-minus
—	Bruchstrich
/	Bruchstrich
=	ist gleich
≠	ist nicht gleich
≈	ist ungefähr
≙	entspricht
<	kleiner als
≤	kleiner oder gleich
>	größer als
≥	größer oder gleich
…	und so weiter
Σ	Summe

Zeichen	Bedeutung
( )	runde Klammer
[ ]	eckige Klammer
{ }	geschweifte Klammer
$\sqrt{\ }$	Wurzel aus
%	Prozent
‰	Promille
Δ	Differenz
⊥	rechtwinklig zu
∥	parallel zu
∢	Winkel
°	Grad
x^2	x hoch zwei, x quadrat
x^3	x hoch drei
π	Pi, π = 3,14159…
⇒	daraus folgt
€	EURO
ct	Cent

Griechisches Alphabet

Zeichen		Name	Verwendung
groß	klein		
A	α	Alpha	Winkelgröße
B	β	Beta	Winkelgröße
Γ	γ	Gamma	Winkelgröße
Δ	δ	Delta	
E	ε	Epsilon	
Z	ζ	Zeta	
H		Eta	
	η	Eta	Wirkungsgrad
Θ		Theta	Celsius-Temperatur
	θ	Theta	
I	ι	Jota	
K	κ	Kappa	
Λ		Lambda	Wärmedurchlasszahl
	λ	Lambda	Wärmeleitfähigkeit
N	ν	Ny	
M	μ	My	

Zeichen		Name	Verwendung
groß	klein		
Ξ	ξ	Xi	
O	o	Omikron	
Π		Pi	
	π	Pi	Kreiszahl = 3,14…
P		Rho	
	ϱ	Rho	Dichte
Σ		Sigma	Summe
	σ	Sigma	
T	τ	Tau	
Y	υ	Ypsilon	
Φ		Phi	
	φ	Phi	
X	χ	Chi	
Ψ	ψ	Psi	
Ω		Omega	Elektr. Widerstand
	ω	Omega	

Vorsätze vor Einheiten

Art	Vorsatz	Zeichen	Potenz-schreibweise	Bedeutung	Wert
Vergrößernd, Vielfache	Deka	da	10^{1}	Zehnfach	10
	Hekta	h	10^{2}	Hundertfach	100
	Kilo	k	10^{3}	Tausendfach	1000
			10^{4}	Zehntausendfach	10 000
			10^{5}	Hunderttausendfach	100 000
	Mega	M	10^{6}	Millionenfach	1 000 000
			10^{7}	Zehnmillionenfach	10 000 000
			10^{8}	Hundertmillionenfach	100 000 000
	Giga	G	10^{9}	Milliardenfach	1 000 000 000
Verkleinernd, Teile	Dezi	d	10^{-1}	Zehntel	0,1
	Zenti	c	10^{-2}	Hundertstel	0,01
	Milli	m	10^{-3}	Tausendstel	0,001
			10^{-4}	Zehntausendstel	0,000 1
			10^{-5}	Hunderttausendstel	0,000 01
	Mikro	µ	10^{-6}	Millionstel	0,000 001
			10^{-7}	Zehnmillionstel	0,000 000 1
			10^{-8}	Hundertmillionstel	0,000 000 01
	Nano	n	10^{-9}	Milliardstel	0,000 000 001

Römisches Zahlensystem

Zahl	Wert
I	1
II	2
III	3
IV	4
V	5

Zahl	Wert
VI	6
VII	7
VIII	8
IX	9
X	10

Zahl	Wert
L	50
C	100
D	500
M	1000
MMXIV	2014

Primzahlen von 1 bis 103

1	2	3	5	7	11	13
17	19	23	29	31	37	41
43	47	53	59	61	67	71
73	79	83	89	97	101	103

Grundrechenarten

Rechenart	Addition	Subtraktion	Multiplikation	Division
Rechenzeichen	+	−	· oder ×	: oder /
Gebildet wird	die Summe	die Differenz	das Produkt	der Quotient

Rechengesetze (Auswahl)

Rangfolgeregeln (Operatorenrangfolge)	1. Potenzen 2. Klammern (von innen nach außen auflösen) 3. Punktrechnung 4. Strichrechnung	
Kommutativgesetz (Vertauschungsgesetz)	$a + b = b + a$	$a \cdot b = b \cdot a$
Assoziativgesetz (Verbindungsgesetz)	$(a + b) + c = a + (b + c)$	$(a \cdot b) \cdot c = a \cdot (b \cdot c)$
Distributivgesetz (Verteilungsgesetz)	$a \cdot (b + c) = a \cdot b + a \cdot c$ $(a + b) \cdot c = a \cdot c + b \cdot c$	
Produkt gleich Null	$a \cdot b = 0 \quad \Rightarrow \quad a = 0 \vee b = 0$	
Multiplikation von Summen (Jedes mit Jedem)	$(a + b) \cdot (c + d) = a \cdot c + a \cdot d + b \cdot c + b \cdot d$ $(a + b) \cdot (c - d) = a \cdot c - a \cdot d + b \cdot c - b \cdot d$	
Gemeinsamer Faktor (Ausklammern)	$a \cdot x - b \cdot x + 4 \cdot c \cdot x = x \cdot (a - b + 4 \cdot c)$	
Rechnen mit positiven und negativen Zahlen	Addition $(+a) + (+b) = a + b$ $(+a) + (-b) = a - b$	 $(-a) + (+b) = -a + b$ $(-a) + (-b) = -a - b$
	Subtraktion $(+a) - (+b) = a - b$ $(+a) - (-b) = a + b$	 $(-a) - (+b) = -a - b$ $(-a) - (-b) = -a + b$
	Multiplikation $(+a) \cdot (+b) = a \cdot b$ $(+a) \cdot (-b) = -(a \cdot b)$	 $(-a) \cdot (+b) = -(a \cdot b)$ $(-a) \cdot (-b) = a \cdot b$
	Division $(+a) : (+b) = a : b$ $(+a) : (-b) = -(a : b)$	 $(-a) : (+b) = -(a : b)$ $(-a) : (-b) = a : b$

Brüche

Bruch $\frac{a}{b} \leftrightarrow \frac{\text{Zähler}}{\text{Nenner}}$ Bruchstrich $\qquad \frac{a}{b} \mathrel{\hat{=}} a : b$

Bruchart (Kennzeichen)	Beispiel	Bruchart (Kennzeichen)	Beispiel
Positiver Bruch (> 0)	$\frac{2}{3} > 0$	Negativer Bruch (< 0)	$-\frac{3}{7} < 0$
Echter Bruch (< 1, Zähler < Nenner)	$\frac{5}{8}$	Unechter Bruch (> 1, Zähler > Nenner)	$\frac{6}{5}$
Gleichnamige Brüche (gleiche Nenner)	$\frac{6}{5}, \frac{1}{5}, \frac{3}{5}$	Ungleichnamige Brüche (ungleiche Nenner)	$\frac{1}{3}, \frac{2}{7}, \frac{4}{9}$
Scheinbruch (Nenner = 1)	$\frac{6}{1}$	Gemischte Zahl (Zahl + Bruch)	$2\frac{1}{3}$

Addition, Subtraktion

gleiche Nenner:

$$\frac{a}{c} \pm \frac{b}{c} = \frac{a \pm b}{c}$$

verschiedene Nenner:

$$\frac{a}{b} \pm \frac{c}{d} = \frac{a \cdot d \pm c \cdot b}{b \cdot d}$$

Multiplikation

$$x \cdot \frac{a}{b} = \frac{x \cdot a}{b} \qquad \frac{a}{b} \cdot \frac{c}{d} = \frac{a \cdot c}{b \cdot d}$$

Division

$$x : \frac{a}{b} = x \cdot \frac{b}{a} = \frac{x \cdot b}{a} \qquad \frac{a}{b} : \frac{c}{d} = \frac{a}{b} \cdot \frac{d}{c} = \frac{a \cdot d}{b \cdot c}$$

$$\frac{a}{b} : x = \frac{a}{b} \cdot \frac{1}{x} = \frac{a}{b \cdot x}$$

$$\frac{a}{a} = 1 \quad (a \neq 0) \qquad \frac{a}{1} = a$$

Erweitern

$$\frac{a}{b} = \frac{a \cdot m}{b \cdot m}$$

Kürzen

$$\frac{(a \cdot m) : m}{(b \cdot m) : m} = \frac{(a \cdot \cancel{m}) : \cancel{m}}{(b \cdot \cancel{m}) : \cancel{m}} = \frac{a}{b} \qquad \frac{a \cdot x + b \cdot x}{a \cdot y + b \cdot y} = \frac{x \cdot (a + b)}{y \cdot (a + b)} = \frac{x}{y}$$

Kehrwert

$$\frac{a}{b} \cdot \frac{b}{a} = 1 \qquad a \cdot \frac{1}{a} = \frac{a}{a} = 1$$

Potenzen

Potenz $a^n = b \leftrightarrow \text{Basis}^{\text{Exponent}} = \text{Potenzwert}$ $a^n = \overbrace{a \cdot a \cdot \ldots \cdot a}^{\text{n Faktoren}}$

Gleiche Basis

$a^n \cdot a^m = a^{n+m}$ $\frac{a^n}{a^m} = a^{n-m}$

Gleicher Exponent

$a^n \cdot b^n = (a \cdot b)^n$ $\frac{a^n}{b^n} = \left(\frac{a}{b}\right)^n$

Potenzieren

$\left(a^n\right)^m = a^{(n \cdot m)}$

Negativer Exponent

$a^{-n} = \frac{1}{a^n}$ $\left(\frac{a}{b}\right)^{-n} = \left(\frac{b}{a}\right)^n$

Vorzeichenregel

$(-a)^n = a^n$, falls n gerade $(-a)^n = -a^n$, falls n ungerade

n-te Potenz

$a^0 = 1$ $a^1 = a$ $a^2 = a \cdot a$ $a^3 = a \cdot a \cdot a$

Wurzel

Wurzel $\sqrt[n]{a} = b \leftrightarrow \sqrt[\text{Wurzelexponent}]{\text{Radikant}} = \text{Wurzelwert}$ $a > 0$

Beispiele

$\sqrt[2]{16} = \sqrt{4 \cdot 4} = 4$ $\sqrt[3]{125} = \sqrt[3]{5 \cdot 5 \cdot 5} = 5$

Quadratwurzel

$\sqrt{a} = b$ (Schreibweise ohne Wurzelexponent)

Addition, Subtraktion

$x \cdot \sqrt[n]{a} \pm y \cdot \sqrt[n]{a} = (x \pm y) \cdot \sqrt[n]{a}$ $\sqrt[n]{a} \pm b = \sqrt[n]{(a \pm b)}$

Multiplikation, Division

$\sqrt[n]{a} \cdot \sqrt[n]{b} = \sqrt[n]{a \cdot b}$ $\sqrt[n]{a} : \sqrt[n]{b} = \sqrt[n]{a : b}$

Potenzieren

$\left(\sqrt[n]{a}\right)^m = \sqrt[n]{a^m}$

Potenzschreibweise

$\sqrt{a} = a^{\frac{1}{2}}$

Potenzieren

$\left(\sqrt[n]{a}\right)^m = \sqrt[n]{a^m}$

Dreisatz

Beim Aussagesatz sind zwei Größen bekannt. Beim Fragesatz ist eine Größe bekannt, die zweite Größe wird gesucht.

		1. Größe	2. Größe	
Aussagesatz	bekannt =	A1	A2	= bekannt
Fragesatz	bekannt =	F1	F2 = ?	= unbekannt

Die Beziehung der Größen zueinander entscheidet nun, welcher Dreisatz angewendet werden kann.

⇩

Die Größen der beiden Sätze entwickeln sich in die gleiche Richtung:

⇙ oder ⇘

je größer A ... ↑
desto größer F ↑

Bsp.: Je größer die Menge, desto größer der Preis.

je kleiner A ... ↓
desto kleiner F ↓

Bsp.: Je kleiner die Arbeitszeit, desto kleiner der Lohn.

⇩

Direkter Dreisatz

1. Lösungsmöglichkeit
Berechnung über das Verhältnis:

A1 ↗ A2, F1 ↘ F2 (über Kreuz) $\Rightarrow F2 = \frac{A2 \cdot F1}{A1}$

2. Lösungsmöglichkeit
Berechnung über Schlussrechnung:
(Schluss über die Einheit)

Aussagesatz: A1 ≙ A2

Einheitssatz: 1 ≙ A2 : A1

Schlusssatz: F1 ≙ A2 : A1 · F1 = F2

⇩

Die Größen der beiden Sätze entwickeln sich in entgegengesetzter Richtung:

⇙ oder ⇘

je größer A ... ↑
desto kleiner F ↓

Bsp.: Je größer die Anzahl der Arbeiter, desto kleiner die nötige Arbeitszeit.

je kleiner A ... ↓
desto größer F ↑

Bsp.: Je kleiner die Anzahl der Arbeiter, desto größer die nötige Arbeitsmenge.

⇩

Indirekter (umgekehrter) Dreisatz

1. Lösungsmöglichkeit
Berechnung über das Verhältnis:

A1 ⟶ A2
F1 ⟶ F2 $\Rightarrow F2 = \frac{A2 \cdot A1}{F1}$

2. Lösungsmöglichkeit
Berechnung über Schlussrechnung:
(Schluss über die Einheit)

Aussagesatz: A1 ≙ A2

Einheitssatz: 1 ≙ A2 · A1

Schlusssatz: F1 ≙ A2 · A1 : F1 = F2

Prozentrechnung mit reinem Grundwert

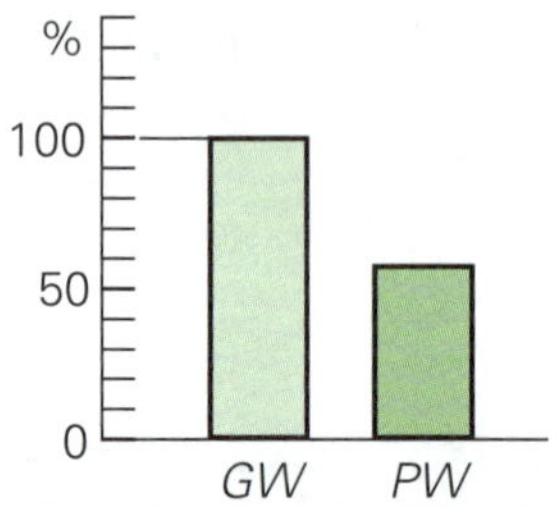

GW Grundwert [€; kg; m]
PW Prozentwert [€; kg; m]
PS Prozentsatz [%]

$$GW = \frac{PW \cdot 100}{PS}$$

$$PW = \frac{GW \cdot PS}{100}$$

$$PS = \frac{PW \cdot 100}{GW}$$

$$\text{Prozent } \% \triangleq \frac{1}{100}$$

Prozentrechnung mit vermindertem Grundwert

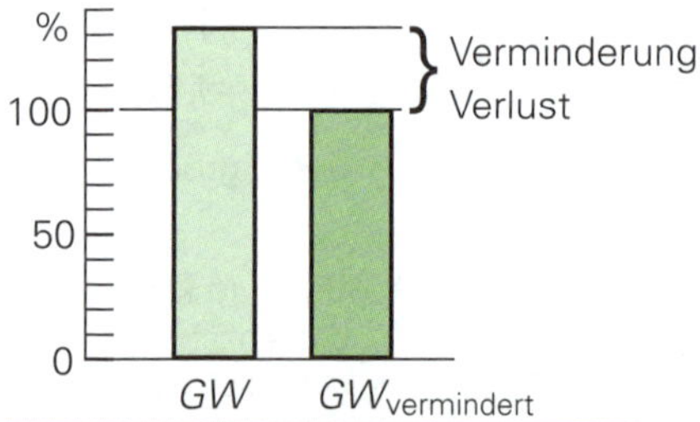

GW Grundwert [€; kg; m]
PW Prozentwert [€; kg; m]
PS Prozentsatz [%]

$$GW_{\text{vermindert}} = \frac{GW \cdot (100 - PS)}{100}$$

$$GW_{\text{vermindert}} = GW - PW$$

$$GW = \frac{GW_{\text{vermindert}} \cdot 100}{100 - PS}$$

Prozentrechnung mit vermehrtem Grundwert

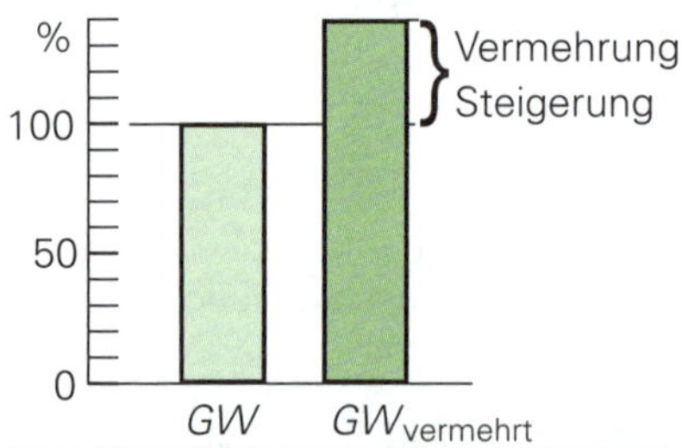

GW Grundwert [€; kg; m]
PW Prozentwert [€; kg; m]
PS Prozentsatz [%]

$$GW_{vermehrt} = \frac{GW \cdot (100 + PS)}{100}$$

$$GW_{vermehrt} = GW + PW$$

$$GW = \frac{GW_{vermehrt} \cdot 100}{100 + PS}$$

Bequeme Prozentsätze

1%	2%	4%	5%	10%	20%	25%	$33\frac{1}{3}$%	50%	$66\frac{2}{3}$%	75%	100%
$\frac{1}{100}$	$\frac{1}{50}$	$\frac{1}{25}$	$\frac{1}{20}$	$\frac{1}{10}$	$\frac{1}{5}$	$\frac{1}{4}$	$\frac{1}{3}$	$\frac{1}{2}$	$\frac{2}{3}$	$\frac{3}{4}$	$\frac{1}{1} = 1$

Prozentrechnung mit Faktoren

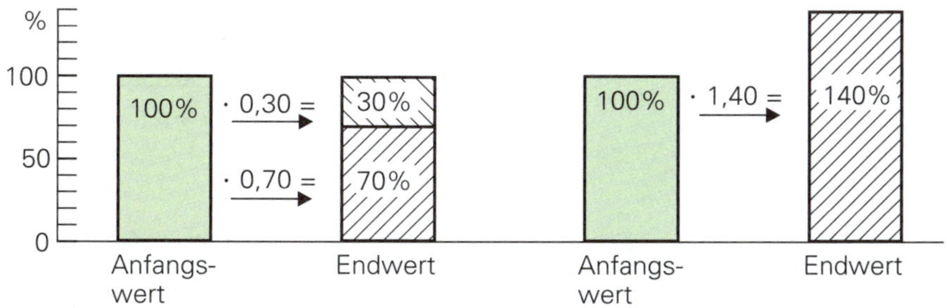

Anfangswert · Faktor = Endwert

$$\text{Faktor} = \frac{\text{Endwert}}{\text{Anfangswert}}$$

$$\text{Faktor} = \frac{\text{Prozentsatz}}{100\%}$$

AW	Anfangswert [€; kg; m]	*F*	Faktor
EW	Endwert [€; kg; m]	*PS*	Prozentsatz [%]

Zins

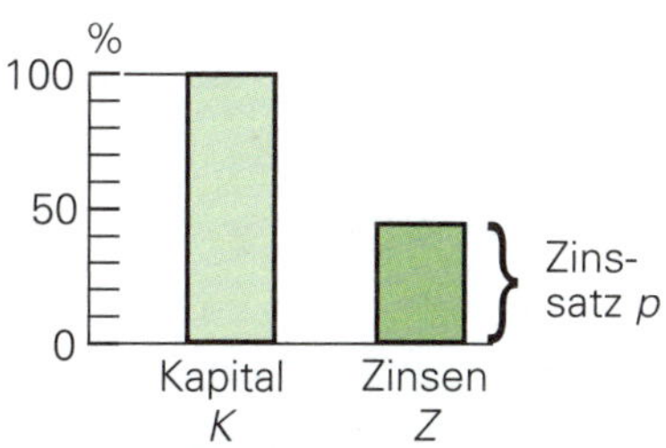

$$Z = \frac{K \cdot p \cdot t}{100\%}$$

$$K = \frac{Z \cdot 100\%}{p \cdot t}$$

$$p = \frac{Z \cdot 100\%}{K \cdot t}$$

$$t = \frac{Z \cdot 100\%}{K \cdot p}$$

Monatszinsen: $t_M = \frac{t}{12}$

Tageszinsen: $t_T = \frac{t}{360}$

Z	Zinsen [€]	*p*	Prozentsatz [%]
K	Kapital [€]	*t*	Laufzeit [a = Jahr]

Zinseszins

Die Zinsen werden dem Kapital zugerechnet und mitverzinst.

$$K_n = K \cdot \left(1 + \frac{p}{100}\right)^n$$

Z	Zinsen [€]	*p*	Prozentsatz [%]
K_n	Kapital [€]	*n*	Anzahl der Jahre

Gleichungszeichen

=	≠	<	≤	>	≥
ist gleich	ist nicht gleich	kleiner als	kleiner oder gleich	größer als	größer oder gleich

Gleichungen

Eine Gleichung verbindet zwei gleichwertige Terme durch ein Gleichheitszeichen.

Linke Seite = rechte Seite

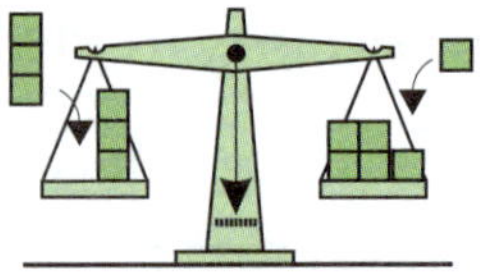

$3 + 3 = 5 + 1$

Seiten können vertauscht werden.

$a \cdot b = c + 2$
$c + 2 = a \cdot b$

Auf beiden Seiten wird mit gleichem Wert addiert bzw. subtrahiert.
+ wird zu –
– wird zu +

Summengleichung
$x + a = b \quad | - a$
$x + a - a = b - a$
$x = b - a$

Differenzgleichung
$x - a = b \quad | + a$
$x - a + a = b + a$
$x = b + a$

Auf beiden Seiten wird mit gleichem Wert dividiert bzw. multipliziert.
· wird zu :
: wird zu ·

Produktgleichung
$x \cdot a = b \quad | : a$
$x \cdot a : a = b : a$
$x = b : a$

Quotientengleichung
$x : a = b \quad | \cdot a$
$x : a \cdot a = b \cdot a$
$x = b \cdot a$

Auf beiden Seiten wird mit gleichem Wert radiziert bzw. potenziert.

^{n} wird zu $\sqrt[n]{}$

$\sqrt[n]{}$ wird zu ^{n}

Potenzgleichung
$x^n = a \quad | \sqrt[n]{}$
$x = \sqrt[n]{a}$

Wurzelgleichung
$\sqrt[n]{x^m - y^m} = z \quad | (\ )^n$
$x^m - y^m = z^n$

Gleichungen mit einer Unbekannten

Eine Unbekannte wird allein auf eine Seite gestellt.

Beispiel: $a \cdot x + b = c \quad \Rightarrow \quad x = \dfrac{c - b}{a}$

Gleichungen mit zwei Unbekannten

Zur Bestimmung von zwei unbekannten Werten sind zwei Gleichungen notwendig, aus denen man eine dritte Gleichung mit nur einen Unbekannten herstellt.
Durch die Einsetzungs-, Gleichsetzungs- oder Additionsmethode wird dann die zweite Unbekannte ermittelt. Beispiel:

I $a \cdot x + b \cdot y = c$

II $d \cdot x + e \cdot y = f$

$$x = \frac{b \cdot f - e \cdot c}{b \cdot d - e \cdot a} \qquad y = \frac{a \cdot f - d \cdot e}{a \cdot e - d \cdot b}$$

Quadratische Gleichungen

rein quadratisch: $x^2 = a^2 \Rightarrow x = \sqrt{a \cdot a} \Rightarrow x = \pm a$

gemischt-quadratisch: $x^2 + a \cdot x + b = 0 \qquad x_{1,2} = \frac{-b \pm \sqrt{b^2 - 4 \cdot a \cdot c}}{2 \cdot a}$

Diskriminante: $D = b^2 - 4 \cdot a \cdot c$

Anzahl der Lösungen:

$D < 0$: Keine Lösung

$D = 0$: Eine Lösung $(x_1 = x_2)$

$D > 0$: Zwei Lösungen

Linearfaktorenzerlegung:

$a \cdot x^2 + b \cdot x + c = a \cdot (x - x_1) \cdot (x - x_2)$

Binomische Formeln

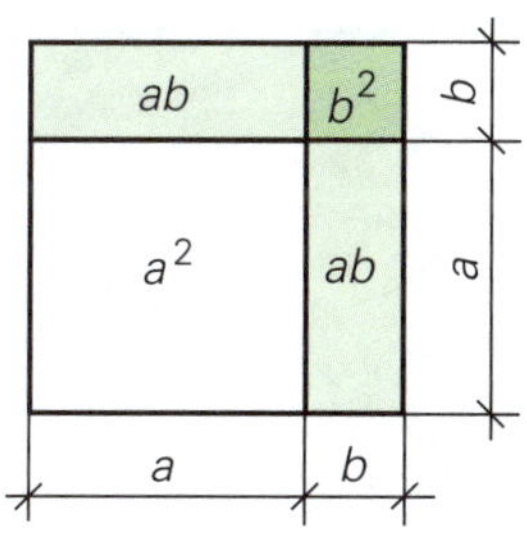

1. Binom
$(a + b)^2 = a^2 + 2ab + b^2$

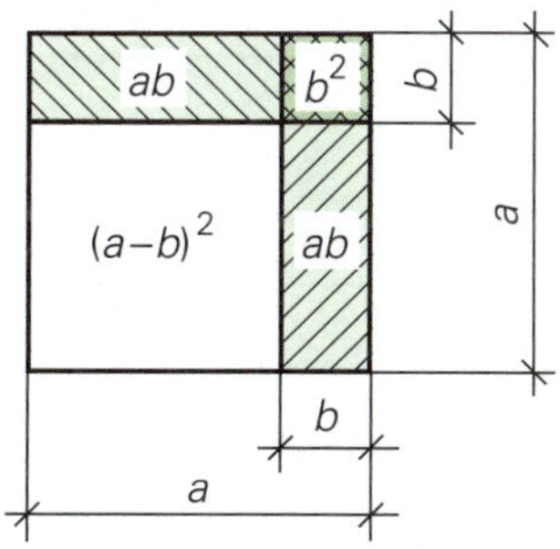

2. Binom
$(a - b)^2 = a^2 - 2ab + b^2$

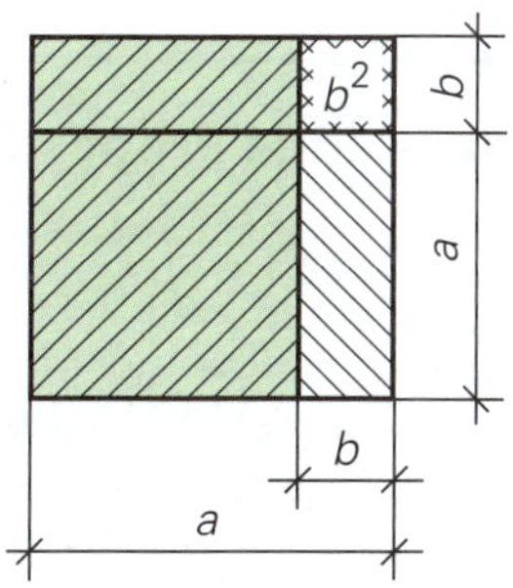

3. Binom
$(a + b) \cdot (a - b) = a^2 - b^2$

Proportionen (Verhältnisgleichungen)

Zwei Verhältnisse mit gleichen Werten können gleichgesetzt und als Gleichung geschrieben werden.

Außenglieder: a und d; Innenglieder: b und c $a : b = c : d$	$\frac{a}{b} = \frac{c}{d}$	$b \cdot c = a \cdot d$
(Verhältnisgleichung)	(Bruchgleichung)	(Produktgleichung)

In einer Verhältnisgleichung ist das Produkt der Innenglieder gleich dem Produkt der Außenglieder

Innenglied · Innenglied = Außenglied · Außenglied

$$a = \frac{b \cdot c}{d} \qquad b = \frac{a \cdot d}{c} \qquad c = \frac{a \cdot d}{b} \qquad d = \frac{b \cdot c}{a}$$

Kettenproportionen (Proportionale Verhältnisse)

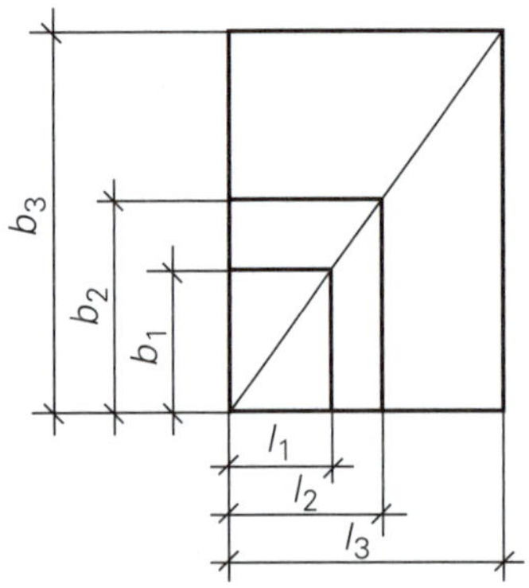

$$l_1 : b_1 = l_2 : b_2 = l_3 : b_3$$

$$l_1 \cdot b_1 = l_2 \cdot b_2 = l_3 \cdot b_3$$

$l_1 \cdot b_1$ $\cdot x$ → $l_2 \cdot b_2$; $l_1 \cdot b_1$ $\cdot y$ → $l_3 \cdot b_3$

$$x = \frac{l_2 \cdot b_2}{l_1 \cdot b_1} \qquad y = \frac{l_3 \cdot b_3}{l_1 \cdot b_1}$$

l	Länge [m; cm; mm]	x, y	Faktor
b	Breite [m; cm; mm]		

Fortlaufende Proportionen

$$\underbrace{a : b = d : e \quad b : c = e : f}$$
$$a : b : c = d : e : f$$

⇓ $a : b : c = d : e : f$ oder ⇓ $a : b : c = d : e : f$

$a : b = d : e$ und $b : c = e : f$

$a : d = b : e \quad c : f = a : d \quad b : e = c : f$

Mischungsrechnen (nach Massen- oder Raumteilen)

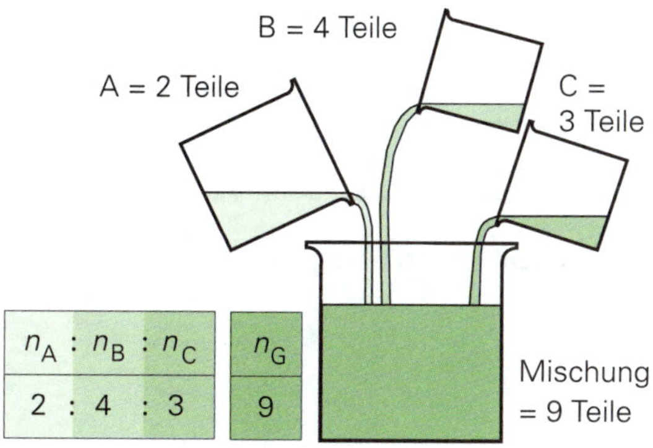

$$MV = n_A : n_B : n_C : \dots : n_Z$$

$$n_G = n_A + n_B + n_C + \dots + n_z$$

$$m_T = \frac{m_G}{n_G}$$

$$m_A = n_A \cdot m_T$$

$$m_B = n_B \cdot m_T$$

$$m_C = n_C \cdot m_T$$

$$m_G = m_A + m_B + m_C + \dots + m_Z$$

MV	Mischungsverhältnis	m_G	Gesamtmenge der Mischung [kg; l]
n_G	Summe der Anteile	m_A	Menge A [kg; l]
n_A	Anteil der Menge A	m_B	Menge B [kg; l]
n_B	Anteil der Menge B	m_C	Menge C [kg; l]
n_C	Anteil der Menge C	m_T	Menge eines Teils [kg; l]

Mischungsrechnen (nach Prozent oder Preis)

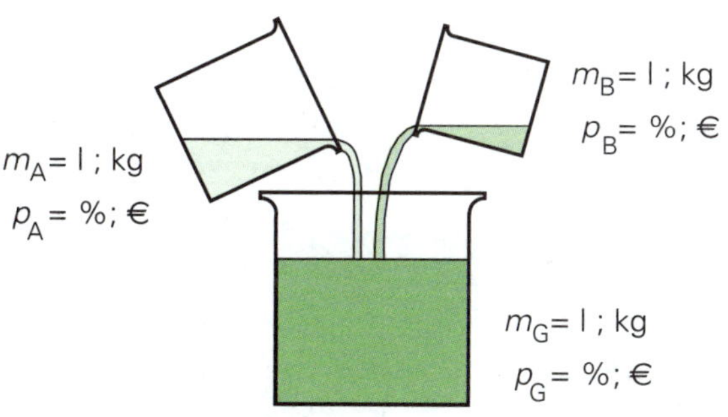

$$m_G = m_A + m_B$$

$$p_A \cdot m_A + p_B \cdot m_B = p_G \cdot m_G$$

$$p_G = \frac{m_A \cdot p_A + m_B \cdot p_B}{m_A + m_B}$$

$$MV = \frac{m_1}{m_2} = \frac{p_G - p_2}{p_1 - p_G}$$

p_G	Summe der Anteile [€; %]	m_G	Gesamtmenge der Mischung [kg; l]
p_A	Anteil der Menge A [€; %]	m_A	Menge A [kg; l]
p_B	Anteil der Menge B [€; %]	m_B	Menge B [kg; l]
		MV	Mischungsverhältnis

Mittelwert

Mittelwert aus 2 Werten:

$$m = \frac{a + b}{2}$$

Mittelwert aus n Werten:

$$m = \frac{a_1 + a_2 + ... + a_n}{n}$$

a, b	Einzelwerte [€; kg; m; ...]	*n*	Anzahl der Werte
m	Mittelwert [€; kg; m; ...]		

Winkel-, Längen-, Flächen- und Körperberechnung

Winkel und Winkelbezeichnungen

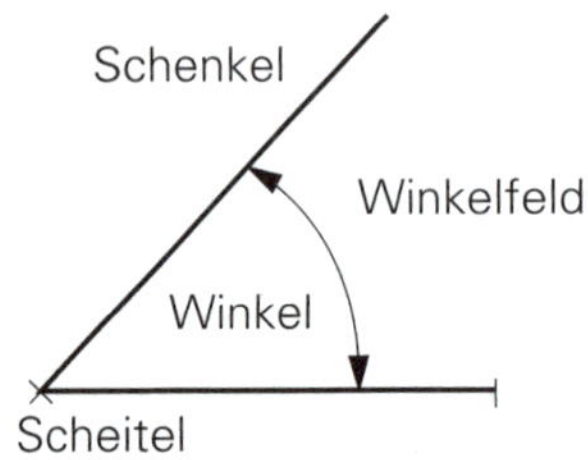

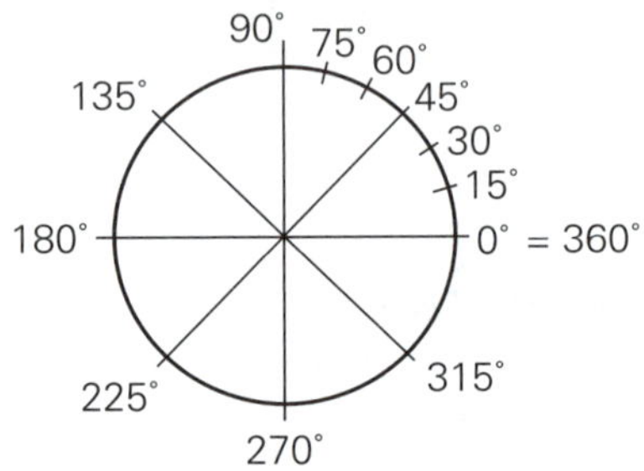

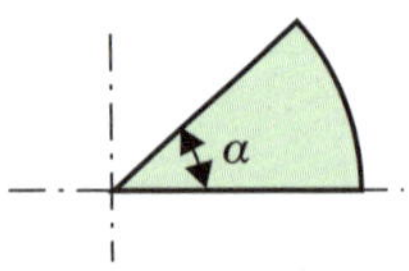

0° < α < 90°
Spitzer Winkel

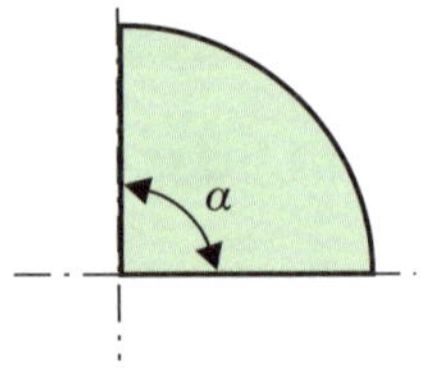

α = 90°
Rechter Winkel

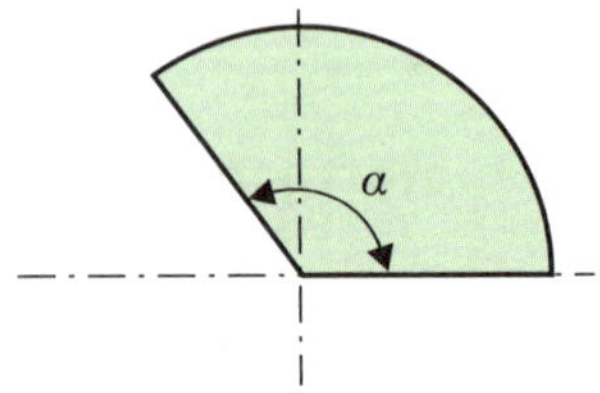

90° < α < 180°
Stumpfer Winkel

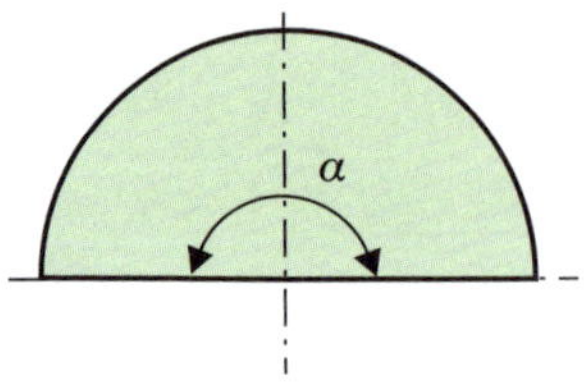

α = 180°
Gestreckter Winkel

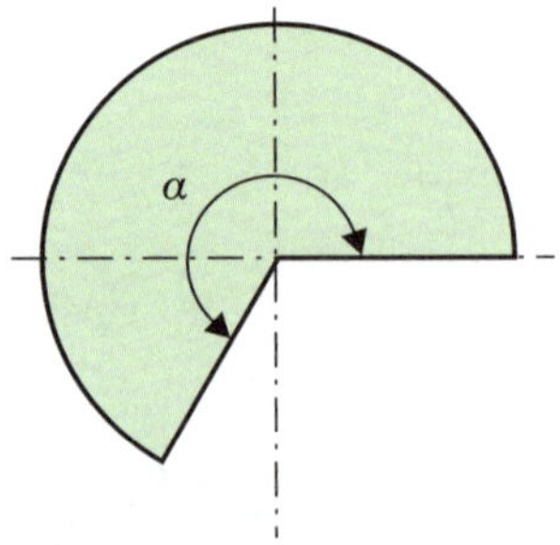

180° < α < 360°
Überstumpfer Winkel

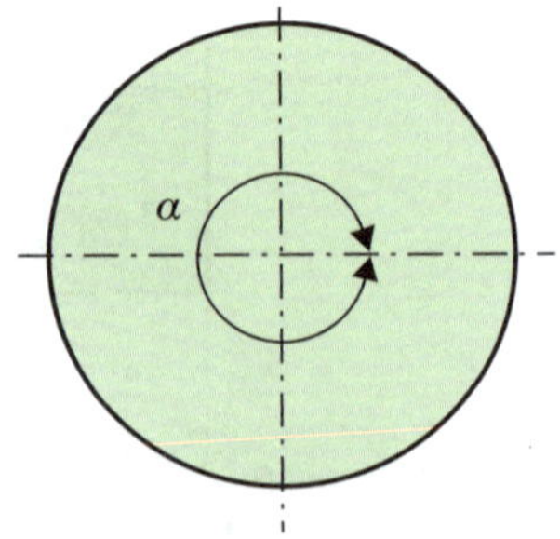

α = 360°
Vollwinkel

Umrechnungen von Winkeleinheiten

⇦ : 60 ⇦ / ⇨ · 60 ⇨

	1° (Grad)	1' (Minute)	1'' (Sekunde)
1°	1	60	3600
1'	$\frac{1}{60}$	1	60
1''	$\frac{1}{3600}$	$\frac{1}{60}$	1

Bei Winkeleinheiten ist die Umrechnungszahl 60.

Winkel an Geraden

Scheitelwinkel

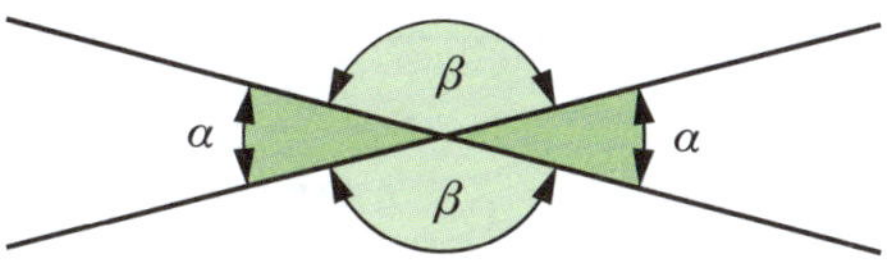

Nebenwinkel

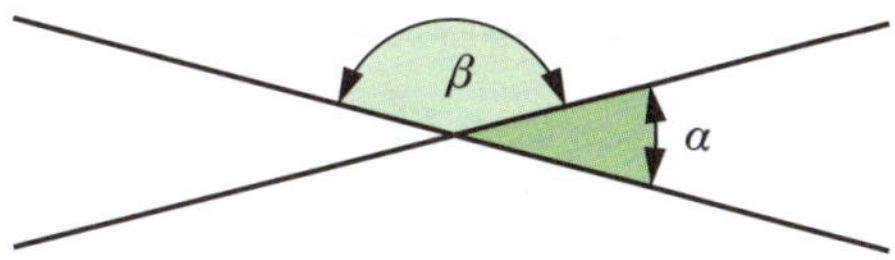

$\alpha + \beta = 180°$

Stufenwinkel

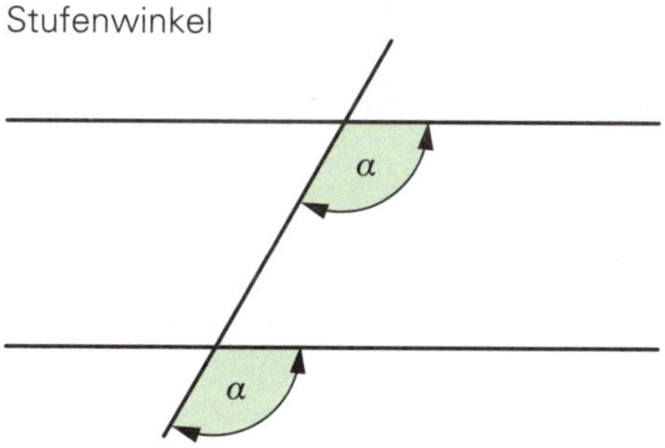

Wechselwinkel

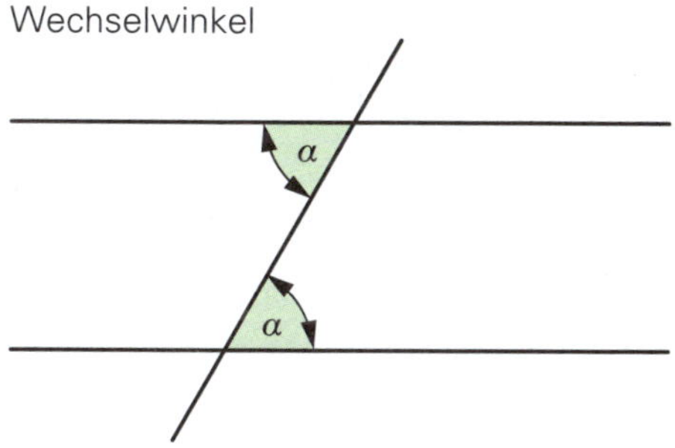

Ergänzungswinkel

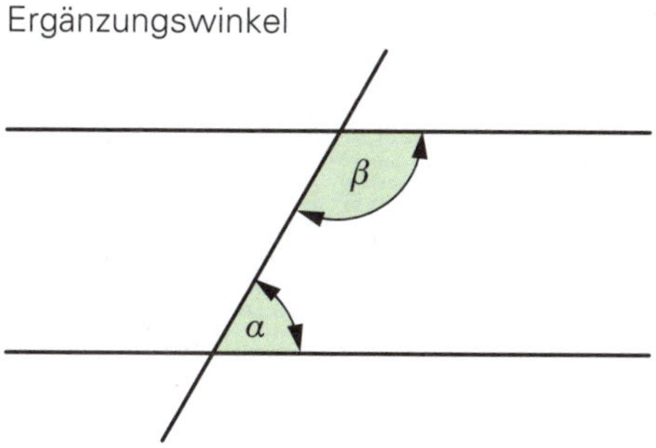

$\alpha + \beta = 180°$

Umrechnungen von Längeneinheiten

⇦ 1 Stellen oder : 10 ⇦

⇨ 1 Stellen oder · 10 ⇨

	m	dm	cm	mm
m	1	10	100	1000
dm	0,1	1	10	100
cm	0,01	0,1	1	10
mm	0,001	0,01	0,1	1

Bei Längeneinheiten ist die Umrechnungszahl 10.
Das Komma rückt von Einheit zu Einheit um 1 Stelle.

1 km = 1000 m
1 µm = 0,001 mm

Englische Längeneinheiten:
1 inch [in] = engl. Zoll ["] = 2,54 cm = 25,4 mm
1 foot [f] = 12 inch = 30,48 cm
1 yard [Y] = 3 feet = 91,44 cm

Umrechnungen von Flächeneinheiten

⇦ 2 Stellen oder : 100 ⇦

⇨ 2 Stellen oder · 100 ⇨

	m^2	dm^2	cm^2	mm^2
m^2	1	100	10 000	1 000 000
dm^2	0,01	1	100	10 000
cm^2	0,000 1	0,01	1	100
mm^2	0,000 001	0,000 1	0,01	1

Bei Flächeneinheiten ist die Umrechnungszahl 100.
Das Komma rückt von Einheit zu Einheit um 2 Stellen.

1 ha = 100 a = 10 000 m^2
1 km^2 = 1 000 000 m^2

Englische Flächeneinheiten:
1 square foot [f^2] = 929 cm^2 = 9,29 cm^2 = 0,0929 m^2
⇒ 1 m^2 = 10,76 f^2

Umrechnungen von Körpereinheiten

⇦ 3 Stellen oder : 1000 ⇦

⇨ 3 Stellen oder · 1000 ⇨

	m^3	dm^3 / l	cm^3 / ml	mm^3
m^3	1	1 000	1 000 000	1 000 000 000
dm^3 / l	0,001	1	1 000	1 000 000
cm^3 / ml	0,000 001	0,001	1	1 000
mm^3	0,000 000 001	0,000 001	0,001	1

Bei Körpereinheiten ist die Umrechnungszahl 1000.
Das Komma rückt von Einheit zu Einheit um 3 Stellen.

1 hl = 100 l = 0,1 m^3

Längenberechnung

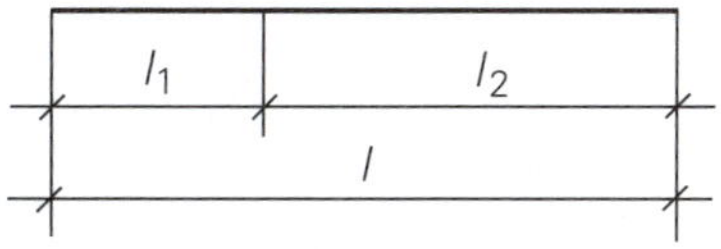

$$l = l_1 + l_2$$

$$l_1 = l - l_2$$

$$l_2 = l - l_1$$

l	Länge [m; cm; mm]

Maßstäbe

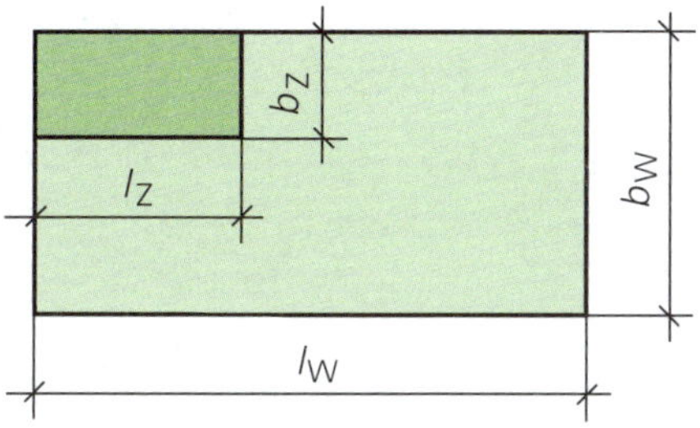

$$l_W = l_Z \cdot n \qquad l_Z = \frac{l_W}{n} \qquad n = \frac{l_W}{l_Z}$$

$$M = \frac{l_Z}{l_W} \qquad M = \frac{1}{n}$$

Verkleinerung: $M = 1 : n$
Vergrößerung: $M = n : 1$

l_W, b_W	Wirkliche Länge [m; cm; mm]	M	Maßstab
l_Z, b_Z	Zeichnungslänge [m; cm; mm]	n	Verhältniszahl

Steigung, Neigung, Gefälle

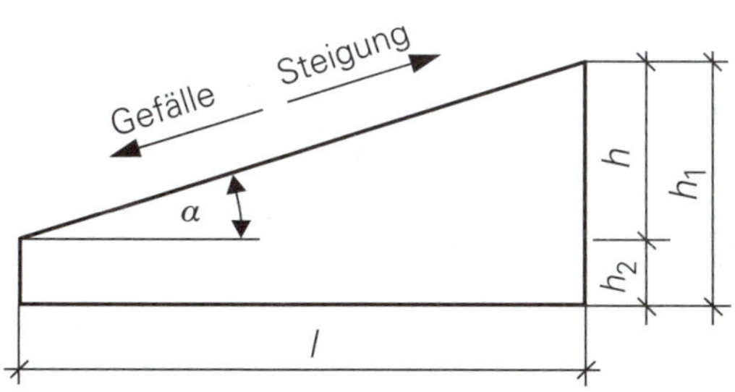

$$n = \frac{h}{l} \qquad l = \frac{h}{n} \qquad h = l \cdot n$$

$$\tan \alpha = \frac{h}{l} \qquad \alpha = \tan^{-1}\left(\frac{h}{l}\right)$$

$$n_{\%} = \frac{h \cdot 100\%}{l} \qquad l = \frac{h \cdot 100\%}{n_{\%}}$$

$$h = \frac{l \cdot n_{\%}}{100\%}$$

l	Länge [m; cm; mm]	n	Steigungsverhältnis
h	Höhe [m; cm; mm]	$n_{\%}$	Steigung [%]
		α	Neigungswinkel [°]

Längenteilung ohne Berücksichtigung der Bauteildicke (Achsmaß)

Teilungsabstand ohne Randabstand
(Achsabstand)

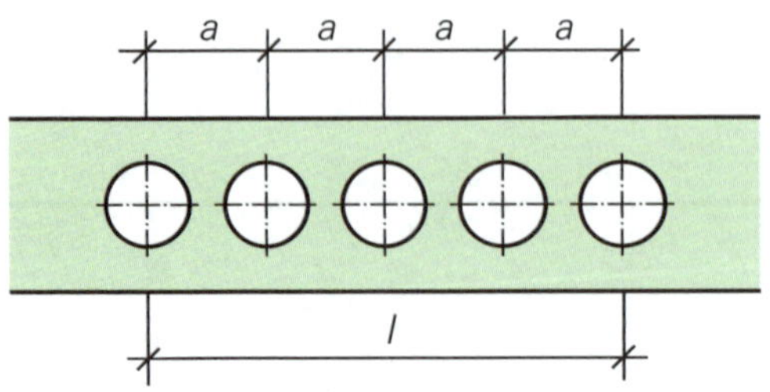

$$a = \frac{l}{n_a}$$

$$l = n_a \cdot a$$

$$n_a = n_d - 1$$

Teilungsabstand mit Randabstand
Randabstand = Achsabstand

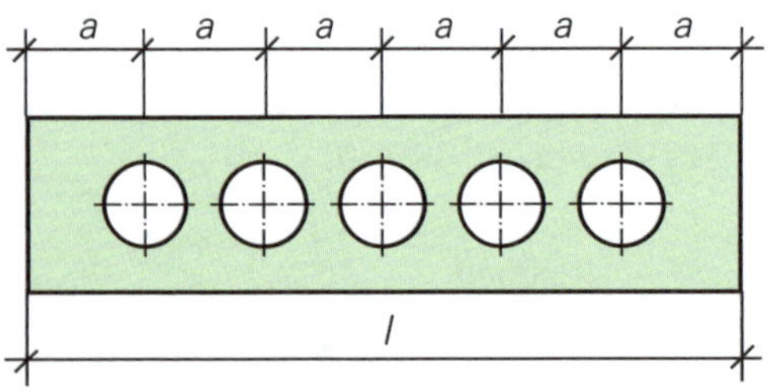

$$a = \frac{l}{n_a}$$

$$l = n_a \cdot a$$

$$n_a = n_d + 1$$

Teilungsabstand mit Randabstand
Randabstand ≠ Achsabstand

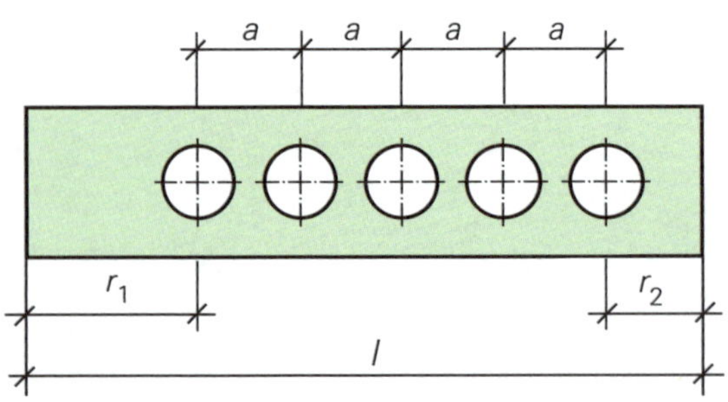

$$a = \frac{l - r_1 - r_2}{n_a}$$

$$l = r_1 + (n_a \cdot a) + r_2$$

$$n_a = n_d - 1$$

l	Länge [m; cm; mm]	a	Achsmaß [m; cm; mm]
n_a	Anzahl der Achsabstände	r_1, r_2	Randabstände [m; cm; mm]
n_d	Anzahl der Dicken, Durchmesser		

Längenteilung mit Berücksichtigung der Bauteildicke

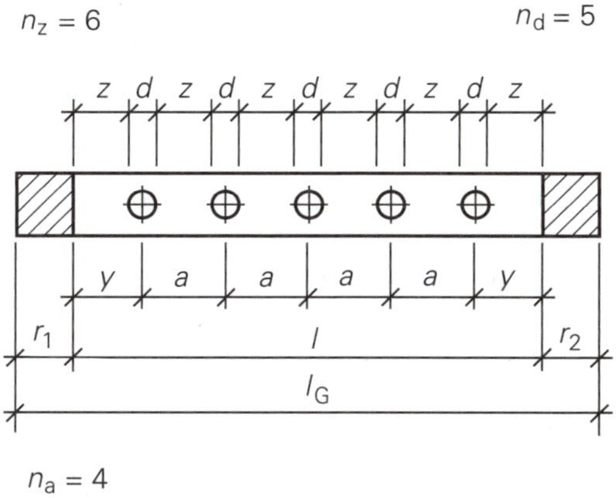

$$n_d = \frac{l + d}{z + d} - 1 \qquad z = \frac{l - (n_d \cdot d)}{n_d + 1}$$

$$n_a = n_d - 1 \qquad n_a = n_z - 2$$

$$a = z + d \qquad z = a - d$$

$$a = \frac{l - (n_d \cdot d)}{n_d + 1} + d \qquad a = \frac{l + d}{n_z}$$

$$y = a - \frac{d}{2} \qquad l_G = r_1 + l + r_2$$

l	Länge [m; cm; mm]	z	Zwischenraummaß [m; cm; mm]
a	Achsmaß [m; cm; mm]	n_Z	Anzahl der Zwischenräume
n_a	Anzahl der Achsabstände	y	Randabstände [m; cm; mm]
d	Dicken, Durchmesser [m; cm; mm]	r_1, r_2	Rahmenbreiten [m; cm; mm]
n_d	Anzahl der Dicken, Durchmesser		

Längenteilung bei gekrümmten Bauteilen

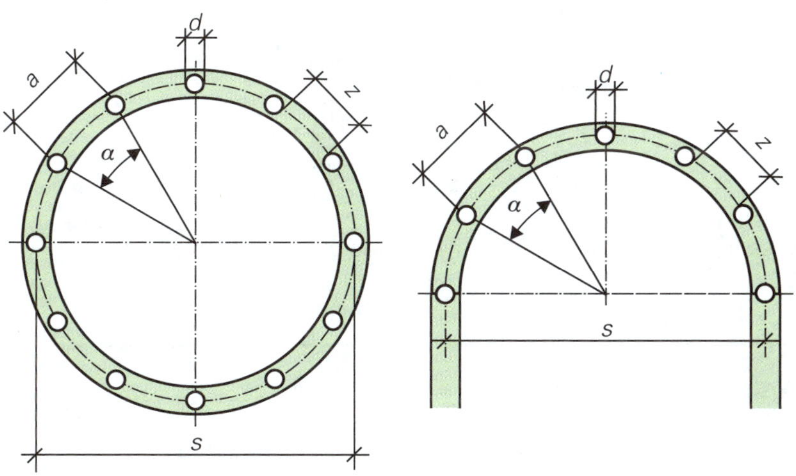

$$a = s \cdot \sin \frac{\alpha}{2}$$

$$z = a - d$$

Kreis:

$$\alpha = \frac{360°}{n_d}$$

$$n_a = n_d$$

Halbkreis:

$$\alpha = \frac{180°}{n_d - 1}$$

$$n_a = n_d - 1$$

a	Achsmaß [m; cm; mm]	s	Kreisdurchmesser [m; cm; mm]
n_a	Anzahl der Achsabstände	z	Zwischenraummaß [m; cm; mm]
d	Dicken, Durchmesser [m; cm; mm]	n_Z	Anzahl der Zwischenräume
n_d	Anzahl der Dicken, Durchmesser	α	Teilungswinkel [°]

Goldener Schnitt (Harmonische Streckenteilung)

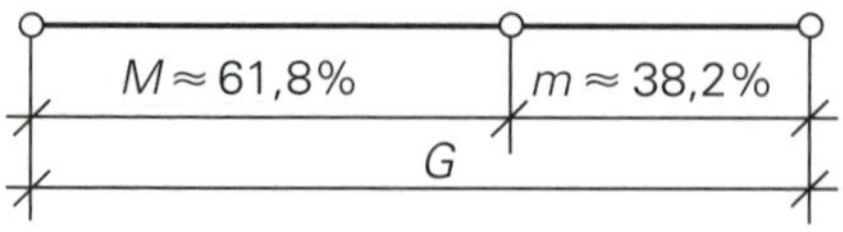

$$M : m = G : M = \Phi \qquad \Phi = \frac{1+\sqrt{5}}{2} \approx 1{,}618$$

$$M = G \cdot 0{,}618$$

$$m = G \cdot 0{,}382 \qquad m = M \cdot 0{,}618$$

$$M : m = G : M = 0{,}618 : 0{,}382$$

$$M : m = G : M = 1 : 0{,}618$$

$$M : m = G : M = 1{,}618 : 1$$

G	Gesamtstrecke [m; cm; mm]	m	Minor [m; cm; mm]
M	Major [m; cm; mm]	Φ	Goldene Zahl (Phi)

Fortlaufende Streckenteilung nach dem Goldenen Schnitt

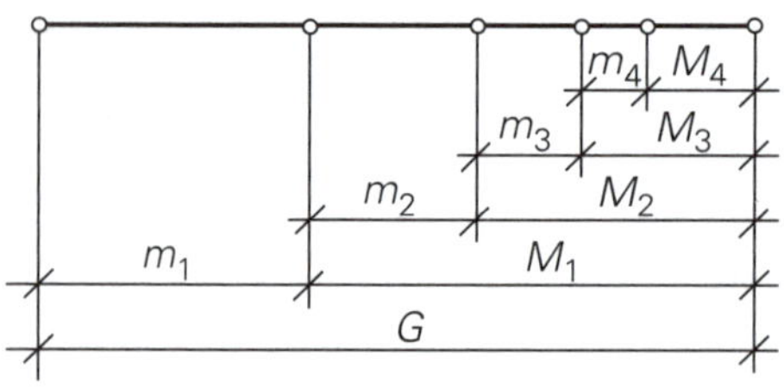

$$G = m_1 + M_1$$

$$M_1 = m_2 + M_2$$

$$M_2 = m_3 + M_3$$

$$M_3 = \ldots$$

$$m_2 = m_1 \cdot 0{,}618$$

$$M_2 = M_1 \cdot 0{,}618$$

$$m_2 = M_1 \cdot 0{,}382$$

G	Gesamtstrecke [m; cm; mm]	m	Minor [m; cm; mm]
M	Major [m; cm; mm]		

Fibonacci-Zahlenfolge

1; 2; 3; 5; 8; 13; 21; 34; 55; 89; 144; 233; 377; …

Die jeweils nächste Zahl in dieser Folge erhält man als Summe der vorangehenden Zahlen. Das Verhältnis zweier aufeinander folgender Zahlen strebt gegen die Goldene Zahl Φ = 1,618.

Verhältnis	**3:5**	**5:8**	**8:13**	**13:21**	**21:34**	**34:55**	**55:89**
Ergebnis	1,6667	1,6000	1,6250	1,6154	1,6190	1,6176	1,6182
Abweichung	+3,0	−1,1	+0,43	−0,16	+0,063	−0,024	+0,0091

Strahlensätze (Vierstreckensätze)

Werden sich schneidende Geraden von Parallelen geschnitten, so gelten für die verschiedenen Abschnitte diese Verhältnisse:

$$a : b = c : d \quad \text{und} \quad a : (a + b) = c : (c + d)$$

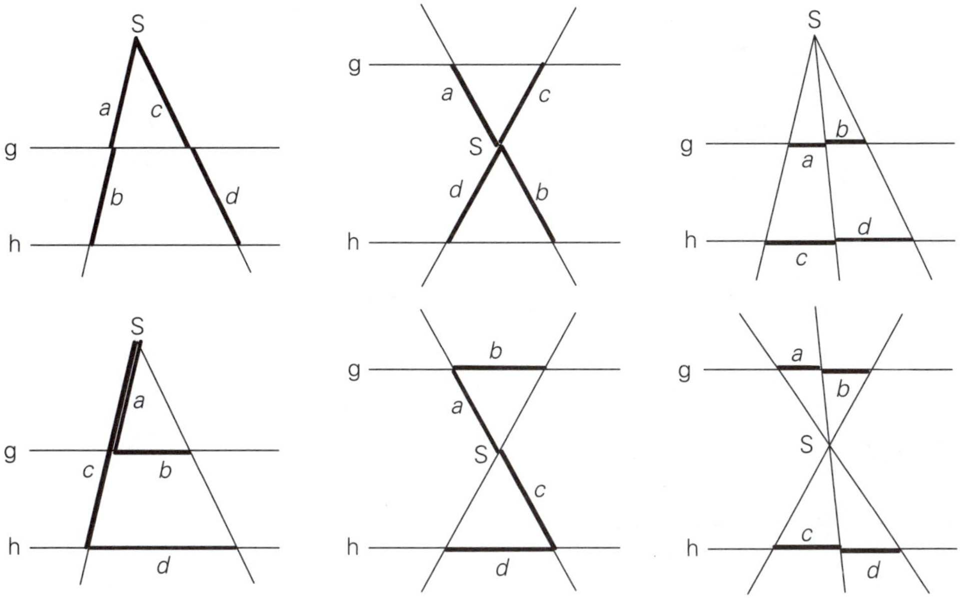

Ähnlichkeitssätze für Dreiecke

Dreiecke sind ähnlich, wenn sie übereinstimmen ...

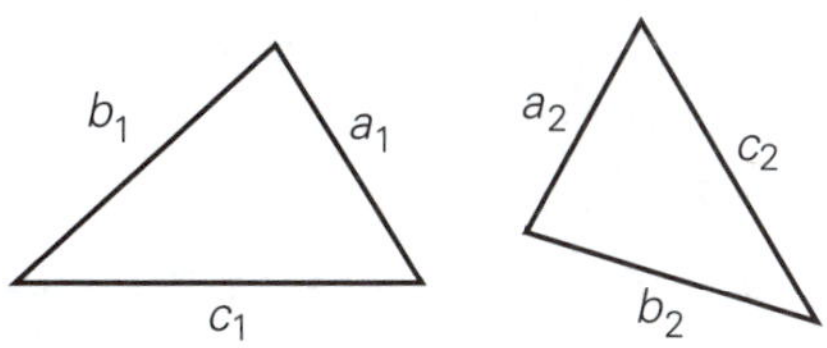

im Längenverhältnis entsprechender Seiten.

$a_1 : a_2 = b_1 : b_2 = c_1 : c_2$

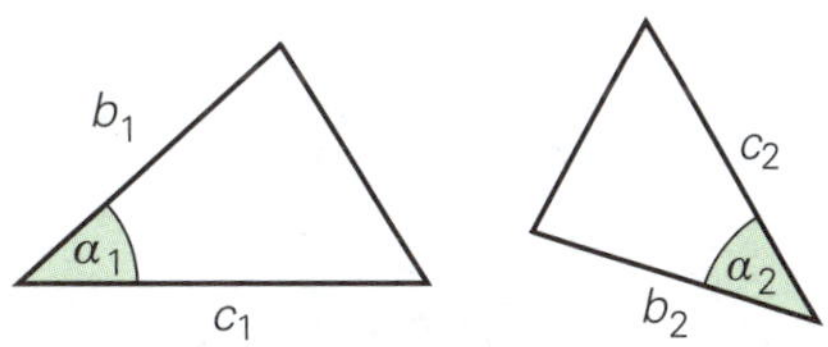

im Längenverhältnis zweier Seiten und im Maß des eingeschlossenen Winkels.

$b_1 : b_2 = c_1 : c_2$ und $\alpha_1 : \alpha_2$

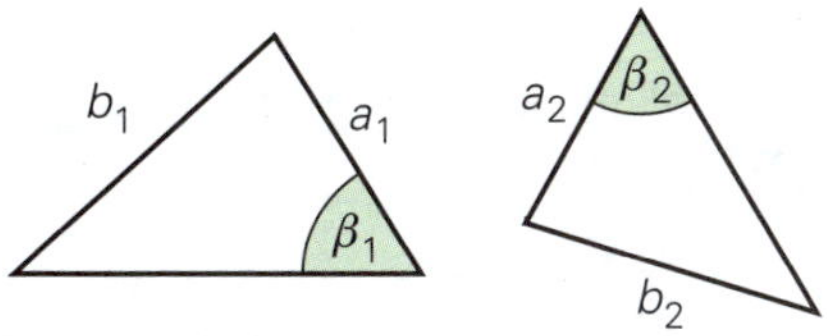

im Längenverhältnis zweier Seiten und im Maß des Gegenwinkels der größeren der beiden Seiten.

$a_1 : a_2 = b_1 : b_2$ und $\beta_1 : \beta_2$

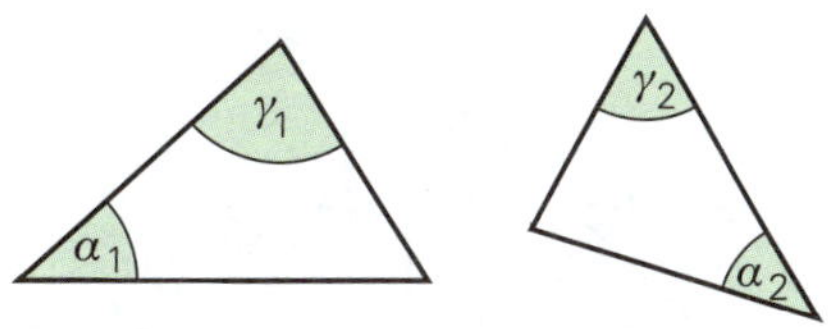

in den Maßen von zwei Winkeln.

$\alpha_1 : \alpha_2$ und $\gamma_1 : \gamma_2$

Transversale im Dreieck (Transversal = durchschneidend)

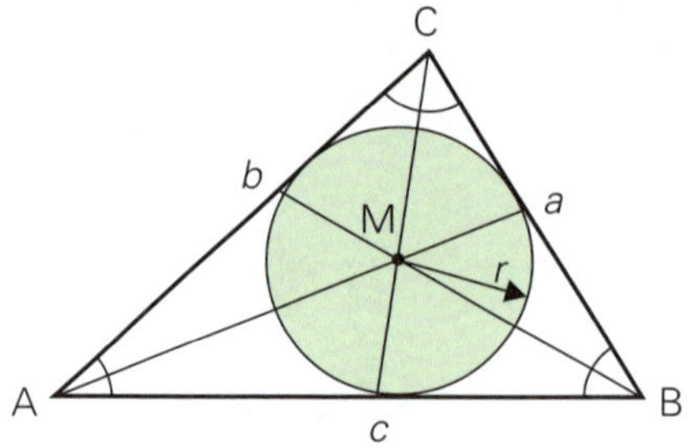

Winkelhalbierende und Inkreis

Die drei Winkelhalbierenden eines Dreiecks schneiden sich im Punkt M.

M ist der Mittelpunkt des Inkreises.

$$r = \frac{2 \cdot A}{a + b + c} \qquad r = \frac{b \cdot c \cdot \sin\alpha}{(a + b + c)}$$

$$r = \frac{a \cdot c \cdot \sin\beta}{(a + b + c)} \qquad r = \frac{a \cdot b \cdot \sin\gamma}{(a + b + c)}$$

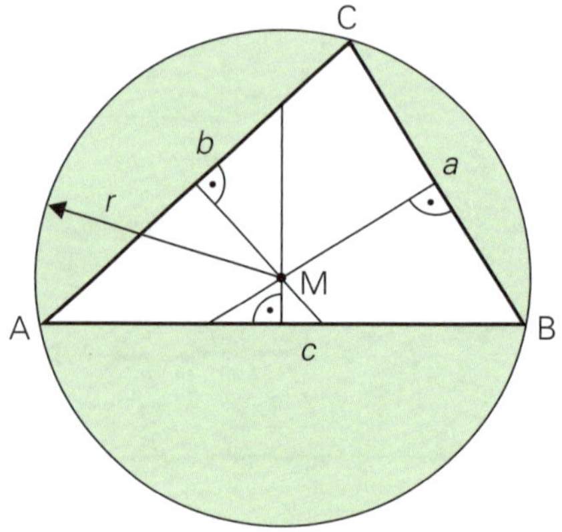

Mittelsenkrechte und Umkreis

Die drei Mittelsenkrechten eines Dreiecks schneiden sich im Punkt M.

M ist der Mittelpunkt des Umkreises.

$$r = \frac{a}{2 \cdot \sin\alpha} = \frac{b}{2 \cdot \sin\beta} = \frac{c}{2 \cdot \sin\gamma}$$

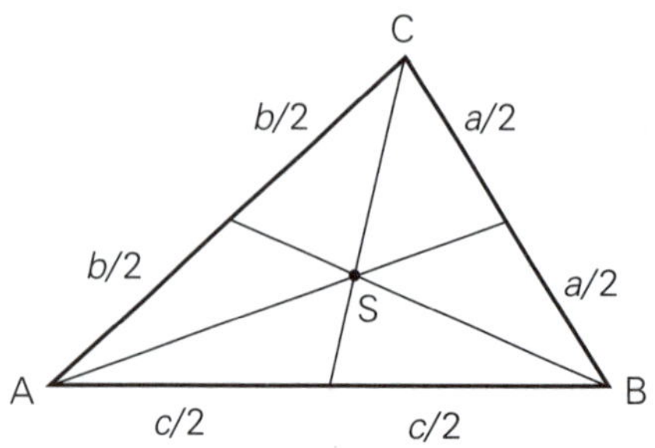

Seitenhalbierende und Schwerpunkt

Die drei Seitenhalbierenden eines Dreiecks schneiden sich im Punkt S.

S ist der Schwerpunkt des Dreiecks.

S teilt die Seitenhalbierenden im Verhältnis 2 : 1.

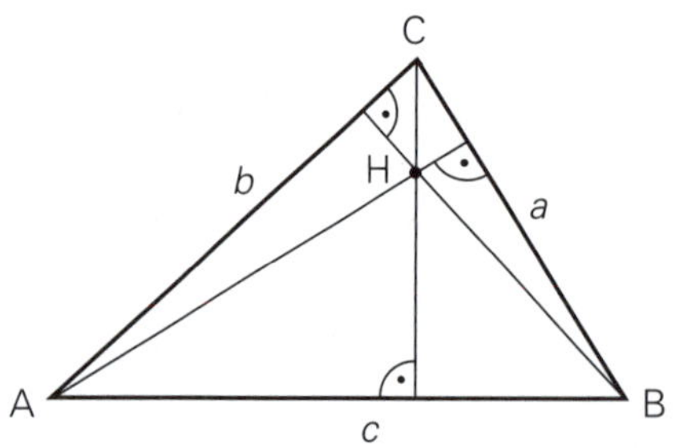

Höhen

Die drei Höhen eines Dreiecks schneiden sich im Punkt H.

Rechteck

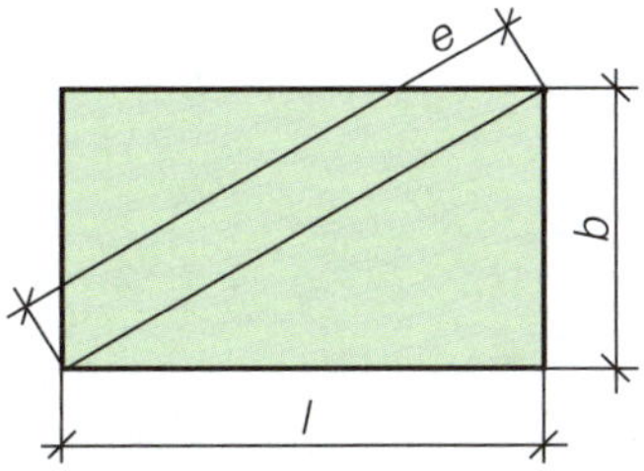

$A = l \cdot b$ $\quad l = \frac{A}{b}$ $\quad b = \frac{A}{l}$

$U = 2 \cdot (l + b)$ $\quad l = \frac{U}{2} - 2b$ $\quad b = \frac{U}{2} - 2l$

$e = \sqrt{l^2 + b^2}$ $\quad l = \sqrt{e^2 - b^2}$ $\quad b = \sqrt{e^2 - l^2}$

A	Fläche [m²; cm²; mm²]	U	Umfang [m; cm; mm]
l	Länge [m; cm; mm]	e	Diagonale [m; cm; mm]
b	Breite [m; cm; mm]		

Quadrat

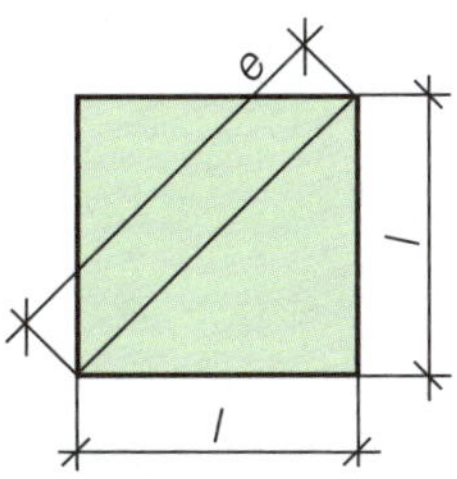

$A = l \cdot l$ $\quad A = l^2$ $\quad l = \sqrt{A}$

$U = 4 \cdot l$ $\quad l = \frac{U}{4}$

$e = l \cdot \sqrt{2}$ $\quad l = \frac{e}{\sqrt{2}}$ $\quad \sqrt{2} = 1{,}4142$

A	Fläche [m²; cm²; mm²]	U	Umfang [m; cm; mm]
l	Länge [m; cm; mm]	e	Diagonale [m; cm; mm]

Parallelogramm (Rhomboid)

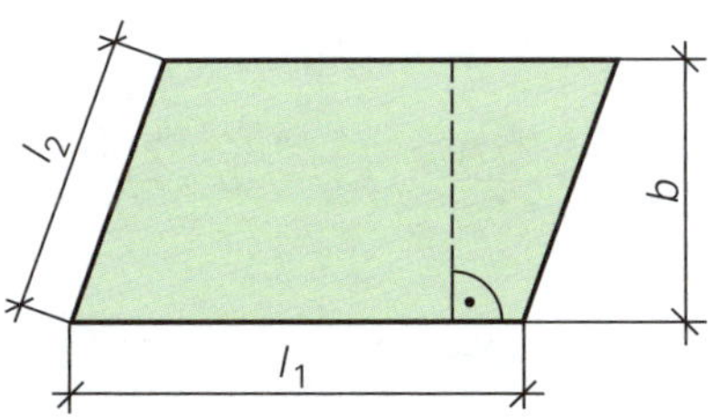

$b \perp zu\ l_1$

$A = l \cdot b$ $\quad l = \frac{A}{b}$ $\quad b = \frac{A}{l}$

$U = 2 \cdot (l_1 + l_2)$ $\quad l_1 = \frac{U - 2 \cdot l_2}{2}$ $\quad l_2 = \frac{U - 2 \cdot l_1}{2}$

A	Fläche [m²; cm²; mm²]	b	Breite [m; cm; mm]
l	Länge [m; cm; mm]	U	Umfang [m; cm; mm]

Raute (Rhombus)

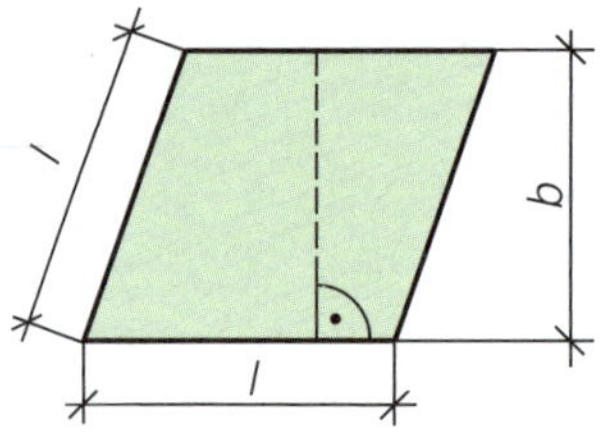

$b \perp$ zu l_1

$$A = l \cdot b \qquad l = \frac{A}{b} \qquad b = \frac{A}{l}$$

$$U = 4 \cdot l \qquad l = \frac{U}{4}$$

A	Fläche [m²; cm²; mm²]	b	Breite [m; cm; mm]
l	Länge [m; cm; mm]	U	Umfang [m; cm; mm]

Trapez

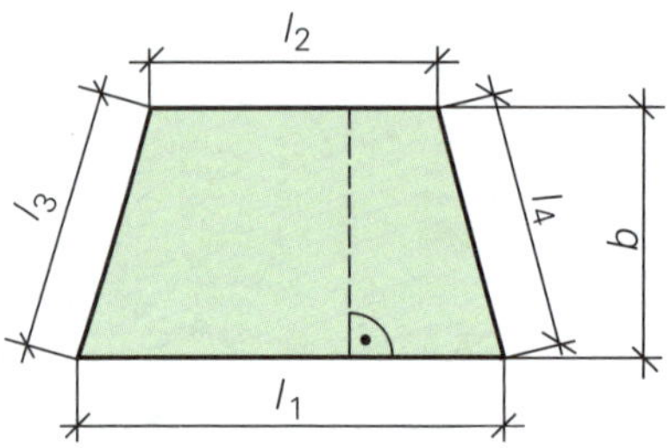

$b \perp$ zu l_1

$$A = \frac{l_1 + l_2}{2} \cdot b \qquad l_1 = \frac{2 \cdot A}{b} - l_2 \qquad l_2 = \frac{2 \cdot A}{b} - l_1$$

$$b = 2 \cdot \frac{A}{l_1 + l_2}$$

$$U = l_1 + l_2 + l_3 + l_4$$

A	Fläche [m²; cm²; mm²]	b	Breite [m; cm; mm]
l	Länge [m; cm; mm]	U	Umfang [m; cm; mm]

Drachenviereck (Deltoid)

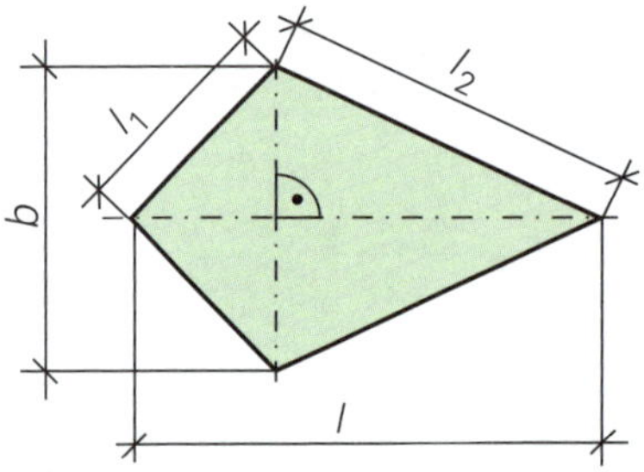

$$A = \frac{l \cdot b}{2} \qquad l = \frac{2 \cdot A}{b} \qquad b = \frac{2 \cdot A}{l}$$

$$U = 2 \cdot (l_1 + l_2) \qquad l_1 = \frac{U - 2 \cdot l_2}{2} \qquad l_2 = \frac{U - 2 \cdot l_1}{2}$$

A	Fläche [m²; cm²; mm²]	b	Breite [m; cm; mm]
l	Länge [m; cm; mm]	U	Umfang [m; cm; mm]

Dreieck

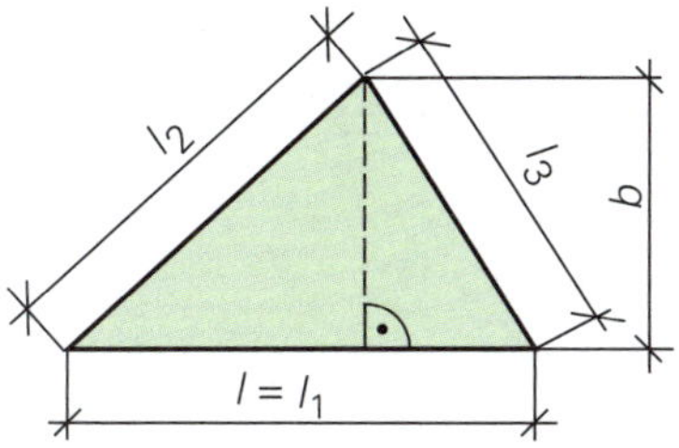

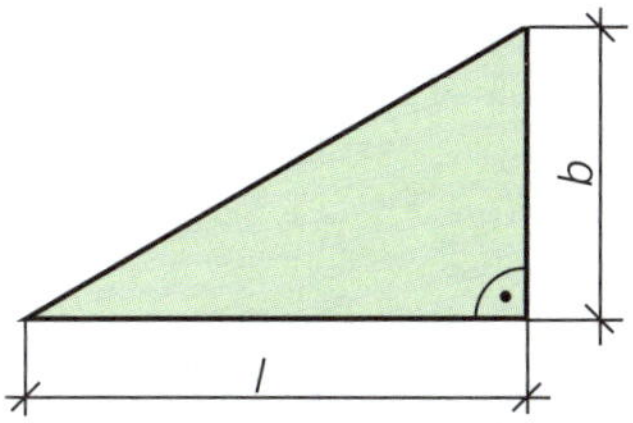

$b \perp$ zu l_1

$$A = \frac{l \cdot b}{2} \qquad l = \frac{2 \cdot A}{b} \qquad b = \frac{2 \cdot A}{l}$$

Berechnung der Fläche A aus 3 Seiten (Heronische Dreiecksformel):

$$A = \frac{\sqrt{U \cdot (U - 2 \cdot l_1) \cdot (U - 2 \cdot l_2) \cdot (U - 2 \cdot l_3)}}{4}$$

$$U = l_1 + l_2 + l_3$$

$$l_1 = U - l_2 - l_3 \qquad l_2 = U - l_1 - l_3 \qquad l_3 = U - l_1 - l_2$$

A	Fläche [m²; cm²; mm²]	b	Breite [m; cm; mm]
l	Länge [m; cm; mm]	U	Umfang [m; cm; mm]

Satz des Pythagoras (Hypothenusensatz)

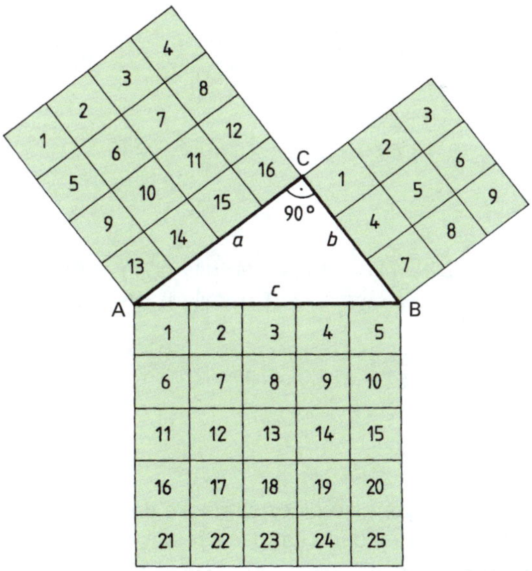

$$c^2 = a^2 + b^2 \quad \Rightarrow \quad c = \sqrt{a^2 + b^2}$$

$$a^2 = c^2 - b^2 \quad \Rightarrow \quad a = \sqrt{c^2 - b^2}$$

$$b^2 = c^2 - a^2 \quad \Rightarrow \quad b = \sqrt{c^2 - a^2}$$

c	Hypothenuse [m; cm; mm]	a	Kathete [m; cm; mm]
b	Kathete [m; cm; mm]	U	Umfang [m; cm; mm]

Kathetensatz (Lehrsatz des Euklid)

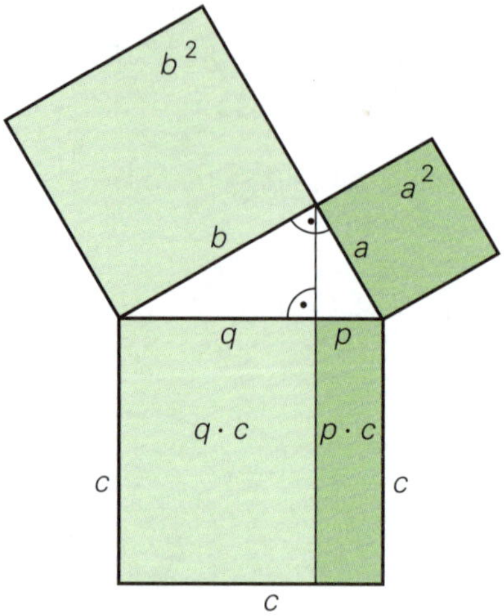

$$a^2 = p \cdot c \qquad p = \frac{a^2}{c} \qquad c = \frac{a^2}{p}$$

$$a = \sqrt{p \cdot c}$$

$$b^2 = q \cdot c \qquad q = \frac{b^2}{c} \qquad c = \frac{b^2}{q}$$

$$b = \sqrt{q \cdot c}$$

a	Kathete [m; cm; mm]	p	Hypothenusenteil [m; cm; mm]
b	Kathete [m; cm; mm]	q	Hypothenusenteil [m; cm; mm]
c	Hypothenuse [m; cm; mm]		

Höhensatz (Lehrsatz des Euklid)

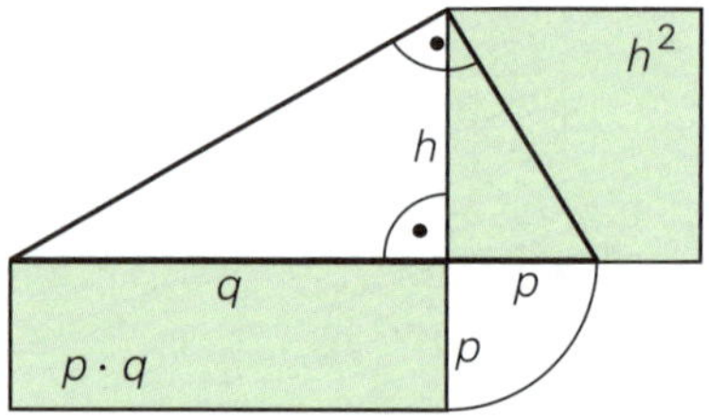

$$h^2 = p \cdot q \qquad p = \frac{h^2}{q} \qquad q = \frac{h^2}{p}$$

$$h = \sqrt{p \cdot q}$$

h	Höhe [m; cm; mm]	p	Hypothenusenteil [m; cm; mm]
		q	Hypothenusenteil [m; cm; mm]

Satz des Thales (Thaleskreis)

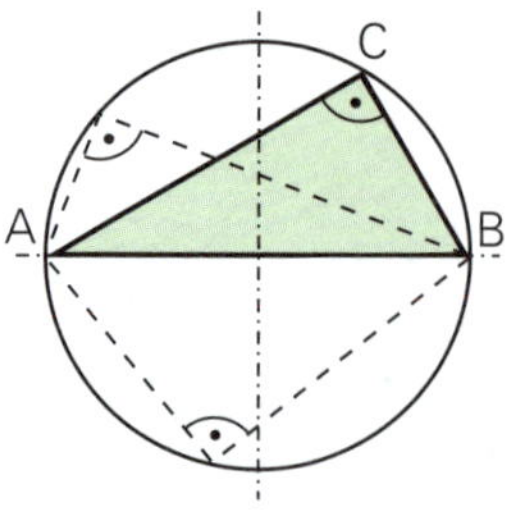

Entspricht die Hypothenuse eines Dreiecks dem Durchmesser des Umkreises, dann hat das Dreieck im Punkt C einen rechten Winkel.

Winkelfunktionen im rechtwinkligen Dreieck (Trigonometrie)

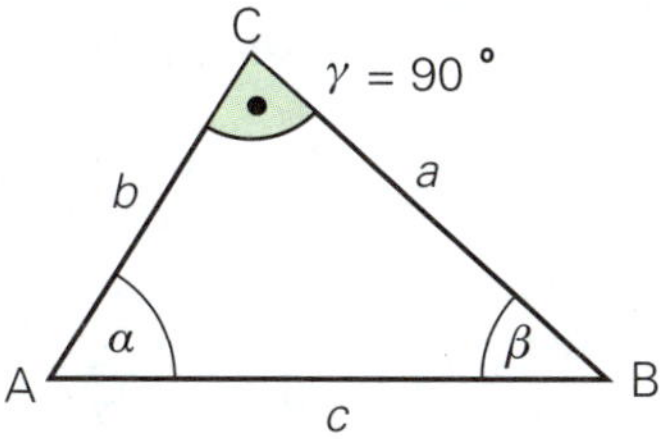

$$\text{Sinus} = \frac{\text{Gegenkathete}}{\text{Hypothenuse}} \qquad \text{Cosinus} = \frac{\text{Ankathete}}{\text{Hypothenuse}}$$

$$\text{Tangens} = \frac{\text{Gegenkathete}}{\text{Ankathete}} \qquad \text{Cotangens} = \frac{\text{Ankathete}}{\text{Gegenkathete}}$$

A, B, C	Eckpunkte	a	Kathete [m; cm; mm]
α, β, γ	Winkel [°]	b	Kathete [m; cm; mm]
		c	Hypothenuse [m; cm; mm]

Seitenlängen und Winkel im rechtwinkligen Dreieck (über Winkelfunktionen)

Für: $\alpha\ a\ c$	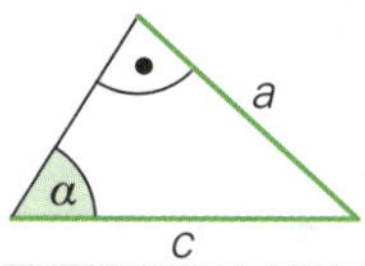	$\sin\alpha = \frac{a}{c}$	$c = \frac{a}{\sin\alpha}$	$a = c \cdot \sin\alpha$	$\alpha = \sin^{-1}\frac{a}{c}$
Für: $\alpha\ b\ c$	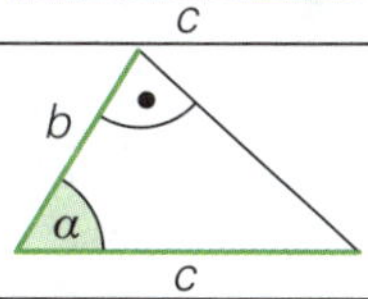	$\cos\alpha = \frac{b}{c}$	$c = \frac{b}{\cos\alpha}$	$b = c \cdot \cos\alpha$	$\alpha = \cos^{-1}\frac{b}{c}$
Für: $\alpha\ a\ b$	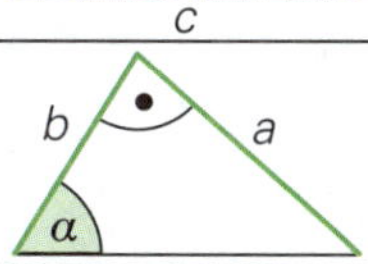	$\tan\alpha = \frac{a}{b}$	$b = \frac{a}{\tan\alpha}$	$a = b \cdot \tan\alpha$	$\alpha = \tan^{-1}\frac{a}{b}$
Für: $\alpha\ b\ a$	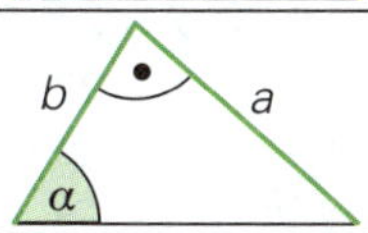	$\cot\alpha = \frac{b}{a}$	$a = \frac{b}{\cot\alpha}$	$b = a \cdot \cot\alpha$	$\alpha = \cot^{-1}\frac{b}{a}$
Für: $\beta\ b\ c$	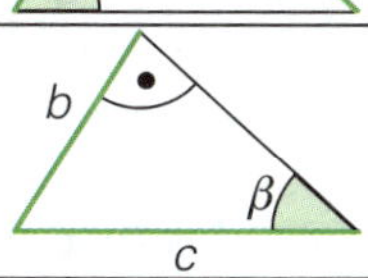	$\sin\beta = \frac{b}{c}$	$c = \frac{b}{\sin\beta}$	$b = c \cdot \sin\beta$	$\beta = \sin^{-1}\frac{b}{c}$
Für: $\beta\ a\ c$	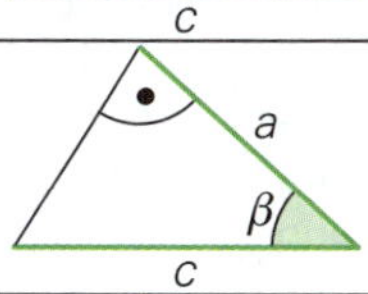	$\cos\beta = \frac{a}{c}$	$c = \frac{a}{\cos\beta}$	$a = c \cdot \cos\beta$	$\beta = \cos^{-1}\frac{a}{c}$
Für: $\beta\ b\ a$	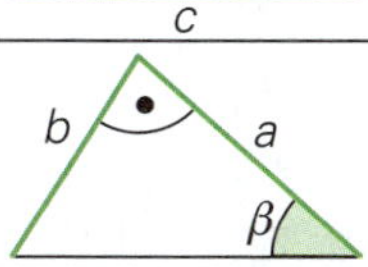	$\tan\beta = \frac{b}{a}$	$a = \frac{b}{\tan\beta}$	$b = a \cdot \tan\beta$	$\beta = \tan^{-1}\frac{b}{a}$
Für: $\beta\ a\ b$	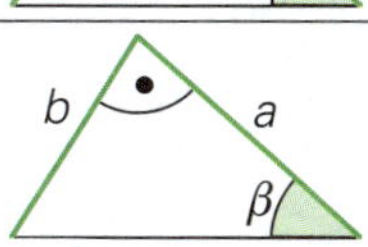	$\cot\beta = \frac{a}{b}$	$b = \frac{a}{\cot\beta}$	$a = b \cdot \cot\beta$	$\beta = \cot^{-1}\frac{a}{b}$

Trigonometrische Funktionen

°	sin	cos	tan	cot
0	0	1	0	∞
1	0,0175	0,9998	0,0175	57,2900
2	0,0349	0,9994	0,0349	28,6363
3	0,0523	0,9986	0,0524	19,0811
4	0,0698	0,9976	0,0699	14,3007
5	0,0872	0,9962	0,0875	11,4301
6	0,1045	0,9945	0,1051	9,5144
7	0,1219	0,9925	0,1228	8,1443
8	0,1392	0,9903	0,1405	7,1154
9	0,1564	0,9877	0,1584	6,3138
10	0,1736	0,9848	0,1763	5,6713
11	0,1908	0,9816	0,1944	5,1446
12	0,2079	0,9781	0,2126	4,7046
13	0,2250	0,9744	0,2309	4,3315
14	0,2419	0,9703	0,2493	4,0108
15	0,2588	0,9659	0,2679	3,7321
16	0,2756	0,9613	0,2867	3,4874
17	0,2924	0,9563	0,3057	3,2709
18	0,3090	0,9511	0,3249	3,0777
19	0,3256	0,9455	0,3443	2,9042
20	0,3420	0,9397	0,3640	2,7475
21	0,3584	0,9336	0,3839	2,6051
22	0,3746	0,9272	0,4040	2,4751
23	0,3907	0,9205	0,4245	2,3559
24	0,4067	0,9135	0,4452	2,2460
25	0,4226	0,9063	0,4663	2,1445
26	0,4384	0,8988	0,4877	2,0503
27	0,4540	0,8910	0,5095	1,9626
28	0,4695	0,8829	0,5317	1,8807
29	0,4848	0,8746	0,5543	1,8040
30	0,5000	0,8660	0,5774	1,7321
31	0,5150	0,8572	0,6009	1,6643
32	0,5299	0,8480	0,6249	1,6003
33	0,5446	0,8387	0,6494	1,5399
34	0,5592	0,8290	0,6745	1,4826
35	0,5736	0,8192	0,7002	1,4281
36	0,5878	0,8090	0,7265	1,3764
37	0,6018	0,7986	0,7536	1,3270
38	0,6157	0,7880	0,7813	1,2799
39	0,6293	0,7771	0,8098	1,2349
40	0,6428	0,7660	0,8391	1,1918
41	0,6561	0,7547	0,8693	1,1504
42	0,6691	0,7431	0,9004	1,1106
43	0,6820	0,7314	0,9325	1,0724
44	0,6947	0,7193	0,9657	1,0355

°	sin	cos	tan	cot
45	0,7071	0,7071	1	1
46	0,7193	0,6947	1,0355	0,9657
47	0,7314	0,6820	1,0724	0,9325
48	0,7431	0,6691	1,1106	0,9004
49	0,7547	0,6561	1,1504	0,8693
50	0,7660	0,6428	1,1918	0,8391
51	0,7771	0,6293	1,2349	0,8098
52	0,7880	0,6157	1,2799	0,7813
53	0,7986	0,6018	1,3270	0,7536
54	0,8090	0,5878	1,3764	0,7265
55	0,8192	0,5736	1,4281	0,7002
56	0,8290	0,5592	1,4826	0,6745
57	0,8387	0,5446	1,5399	0,6494
58	0,8480	0,5299	1,6003	0,6249
59	0,8572	0,5150	1,6643	0,6009
60	0,8660	0,5000	1,7321	0,5774
61	0,8746	0,4848	1,8040	0,5543
62	0,8829	0,4695	1,8807	0,5317
63	0,8910	0,4540	1,9626	0,5095
64	0,8988	0,4384	2,0503	0,4877
65	0,9063	0,4226	2,1445	0,4663
66	0,9135	0,4067	2,2460	0,4452
67	0,9205	0,3907	2,3559	0,4245
68	0,9272	0,3746	2,4751	0,4040
69	0,9336	0,3584	2,6051	0,3839
70	0,9397	0,3420	2,7475	0,3640
71	0,9455	0,3256	2,9042	0,3443
72	0,9511	0,3090	3,0777	0,3249
73	0,9563	0,2924	3,2709	0,3057
74	0,9613	0,2756	3,4874	0,2867
75	0,9659	0,2588	3,7321	0,2679
76	0,9703	0,2419	4,0108	0,2493
77	0,9744	0,2250	4,3315	0,2309
78	0,9781	0,2079	4,7046	0,2126
79	0,9816	0,1908	5,1446	0,1944
80	0,9848	0,1736	5,6713	0,1763
81	0,9877	0,1564	6,3138	0,1584
82	0,9903	0,1392	7,1154	0,1405
83	0,9925	0,1219	8,1443	0,1228
84	0,9945	0,1045	9,5144	0,1051
85	0,9962	0,0872	11,4301	0,0875
86	0,9976	0,0698	14,3007	0,0699
87	0,9986	0,0523	19,0811	0,0524
88	0,9994	0,0349	28,6363	0,0349
89	0,9998	0,0175	57,2900	0,0175
90	1	0	∞	0

Flächeninhalt im allgemeinen Dreieck (über Winkelfunktionen)

Für:
α b c

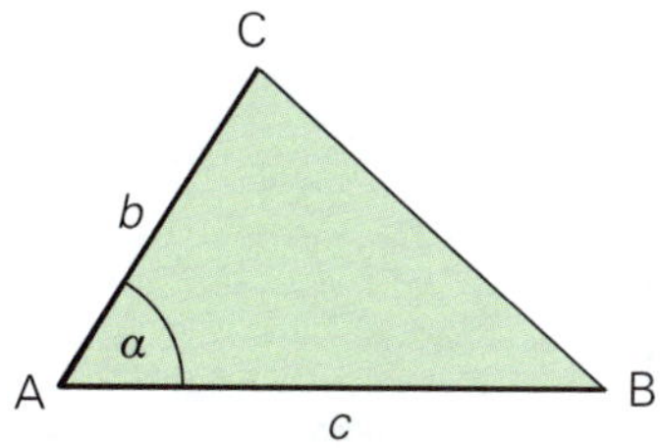

$$A = \frac{1}{2} \cdot b \cdot c \cdot \sin\alpha$$

$$b = \frac{2 \cdot A}{c \cdot \sin\alpha} \qquad c = \frac{2 \cdot A}{b \cdot \sin\alpha} \qquad \alpha = \sin^{-1}\left(\frac{2 \cdot A}{b \cdot c}\right)$$

Für:
β a c

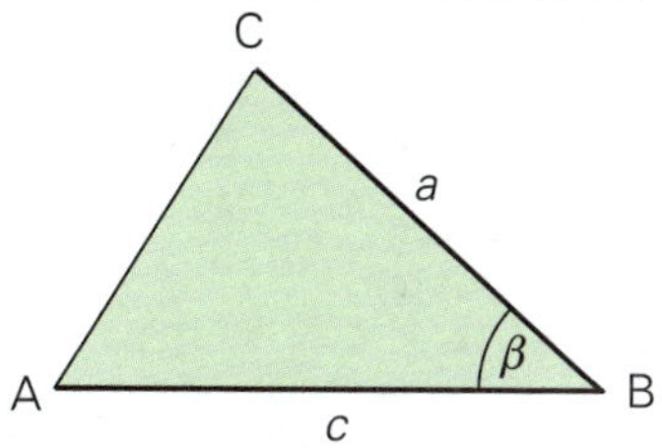

$$A = \frac{1}{2} \cdot a \cdot c \cdot \sin\beta$$

$$a = \frac{2 \cdot A}{c \cdot \sin\beta} \qquad c = \frac{2 \cdot A}{a \cdot \sin\beta} \qquad \beta = \sin^{-1}\left(\frac{2 \cdot A}{a \cdot c}\right)$$

Für:
γ a b

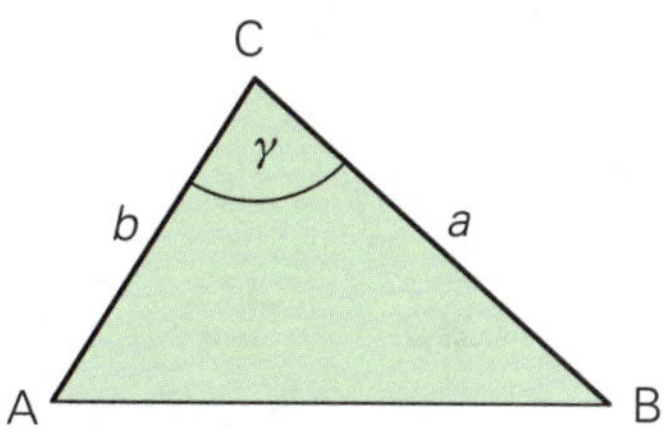

$$A = \frac{1}{2} \cdot a \cdot b \cdot \sin\gamma$$

$$a = \frac{2 \cdot A}{b \cdot \sin\gamma} \qquad b = \frac{2 \cdot A}{a \cdot \sin\gamma} \qquad \gamma = \sin^{-1}\left(\frac{2 \cdot A}{a \cdot b}\right)$$

Winkelfunktionen im beliebigen Dreieck – Sinus-Satz

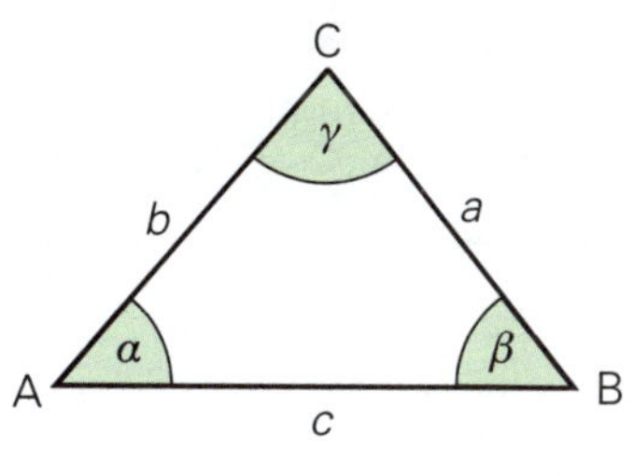

$$\frac{a}{\sin\alpha} = \frac{b}{\sin\beta} = \frac{c}{\sin\gamma}$$

$$a = \frac{\sin\alpha \cdot b}{\sin\beta} \qquad b = \frac{\sin\beta \cdot a}{\sin\alpha} \qquad c = \frac{\sin\gamma \cdot b}{\sin\beta}$$

$$a = \frac{\sin\alpha \cdot c}{\sin\gamma} \qquad b = \frac{\sin\beta \cdot c}{\sin\gamma} \qquad c = \frac{\sin\gamma \cdot a}{\sin\alpha}$$

A, B, C	Eckpunkte	a	Kathete [m; cm; mm]
α, β, γ	Winkel [°]	b	Kathete [m; cm; mm]
A	Fläche [m²; cm²; mm²]	c	Hypothenuse [m; cm; mm]

Winkelfunktionen im beliebigen Dreieck – Kosinus-Satz

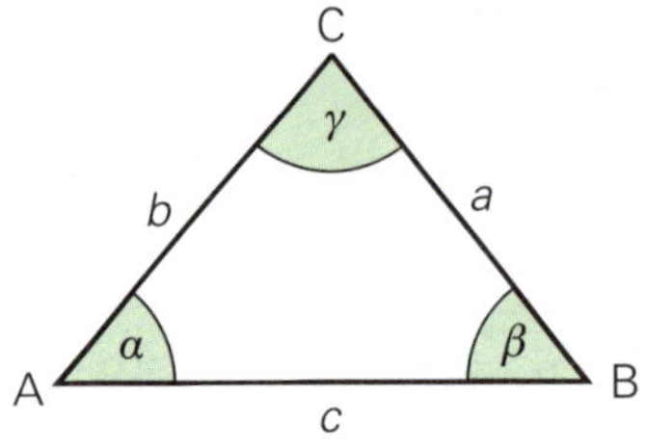

$$c^2 = a^2 + b^2 - 2 \cdot a \cdot b \cdot \cos\gamma$$

$$c = \sqrt{a^2 + b^2 - 2 \cdot a \cdot b \cdot \cos\gamma}$$

$$\cos\gamma = \frac{a^2 + b^2 - c^2}{2 \cdot a \cdot b} \qquad \gamma = \cos^{-1}\left(\frac{a^2 + b^2 - c^2}{2 \cdot a \cdot b}\right)$$

$$a^2 = b^2 + c^2 - 2 \cdot b \cdot c \cdot \cos\alpha$$

$$a = \sqrt{b^2 + c^2 - 2 \cdot b \cdot c \cdot \cos\alpha}$$

$$\cos\alpha \quad \frac{a^2 + c^2 - b^2}{2 \cdot b \cdot c} \qquad \alpha = \cos^{-1}\left(\frac{a^2 + c^2 - b^2}{2 \cdot b \cdot c}\right)$$

$$b^2 = a^2 + c^2 - 2 \cdot a \cdot c \cdot \cos\beta$$

$$b = \sqrt{a^2 + c^2 - 2 \cdot a \cdot c \cdot \cos\beta}$$

$$\cos\beta = \frac{a^2 + c^2 - b^2}{2 \cdot a \cdot c} \qquad \beta = \cos^{-1}\left(\frac{a^2 + c^2 - b^2}{2 \cdot a \cdot c}\right)$$

A, B, C	Eckpunkte	a	Kathete [m; cm; mm]
α, β, γ	Winkel [°]	b	Kathete [m; cm; mm]
		c	Hypothenuse [m; cm; mm]

Unregelmäßiges Vieleck

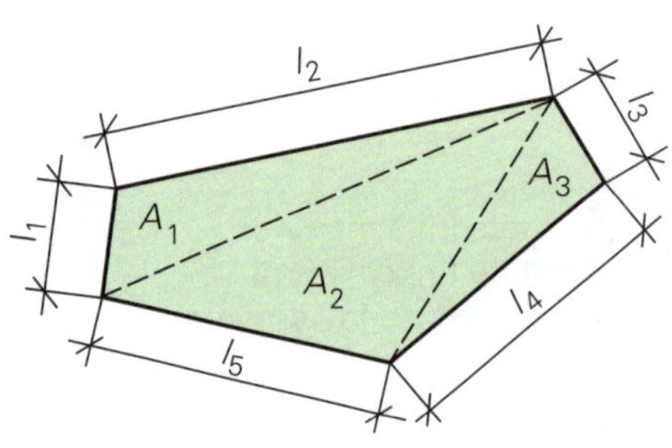

Gesamtfläche ist die Summe der Teilflächen.

$$A = A_1 + A_2 + \ldots + A_n$$

$$U = l_1 + l_2 + \ldots + l_n$$

A	Fläche [m²; cm²; mm²]	U	Umfang [m; cm; mm]
l	Länge [m; cm; mm]		

Regelmäßige Vielecke

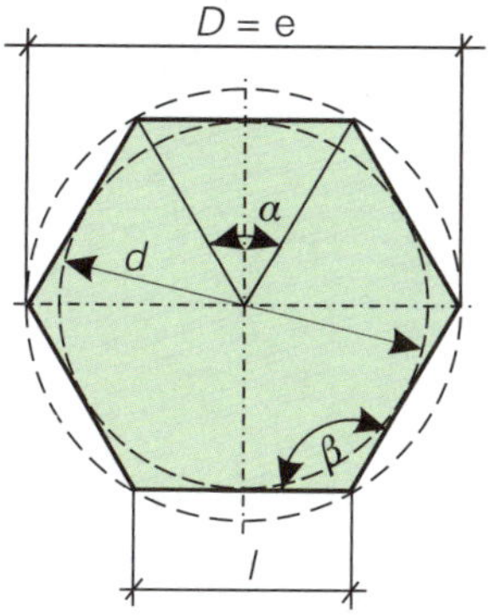

$$A = \frac{l \cdot d \cdot n}{4} \qquad d = \frac{4 \cdot A}{l \cdot n} \qquad l = \frac{4 \cdot A}{d \cdot n} \qquad n = \frac{4 \cdot A}{l \cdot d}$$

$$U = l \cdot n \qquad l = \frac{U}{n} \qquad n = \frac{U}{l}$$

$$l = D \cdot \sin\left(\frac{180°}{n}\right) \qquad D = \frac{l}{\sin\left(\frac{180°}{n}\right)}$$

$$d = \sqrt{D^2 - l^2} \qquad D = \sqrt{d^2 + l^2} \qquad l = \sqrt{D^2 - d^2}$$

$$\alpha = \frac{360°}{n} \qquad \beta = 180° - \alpha$$

A	Fläche [m^2; cm^2; mm^2]		D	Außenkreisdurchmesser [m; cm; mm] = e = Eckenmaß
l	Seitenlänge [m; cm; mm]		d	Innenkreisdurchmesser [m; cm; mm] = Schlüsselweite [mm]
n	Anzahl der Ecken			
α, β	Winkel [°]			
U	Umfang [m; cm; mm]			

Berechnung regelmäßiger Vielecke

Anzahl der Ecken n	Fläche [m^2] A			Seitenlänge [m] l		Innenkreisdurchmesser [m] d		Umkreisdurchmesser [m] D	
	aus l	aus d	aus D	aus d	aus D	aus l	aus D	aus l	aus d
	l^2 mal	d^2 mal	D^2 mal	d mal	D mal	l mal	D mal	l mal	d mal
3	0,443	1,299	0,325	1,732	0,867	0,578	0,500	1,154	2,000
4	1,000	1,000	0,500	1,000	0,707	1,000	0,707	1,414	1,414
5	1,721	0,908	0,595	0,727	0,588	1,376	0,809	1,702	1,236
6	2,598	0,866	0,649	0,577	0,500	1,732	0,866	2,000	1,155
8	4,828	0,829	0,707	0,414	0,383	2,414	0,924	2,614	1,082
10	7,694	0,812	0,735	0,325	0,309	3,078	0,951	3,236	1,052
12	11,196	0,804	0,750	0,268	0,259	3,732	0,966	3,864	1,035

Kreis

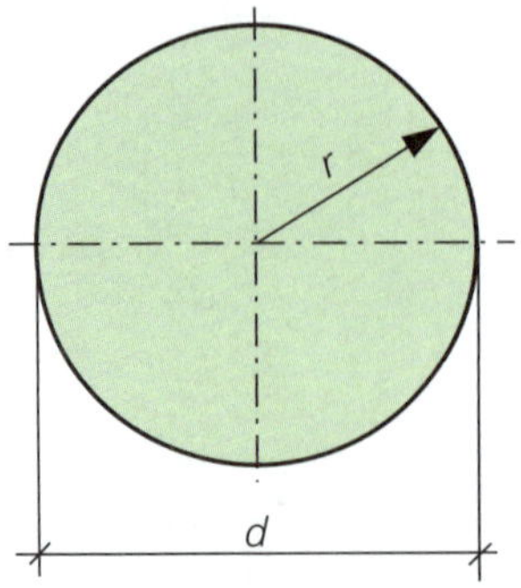

$A = r \cdot r \cdot \pi$ $\quad A = r^2 \cdot \pi$ $\quad r = \sqrt{\frac{A}{\pi}}$

$A = \frac{d \cdot d \cdot \pi}{4}$ $\quad A = \frac{d^2 \cdot \pi}{4}$ $\quad d = \sqrt{\frac{4 \cdot A}{\pi}}$

$U = 2 \cdot r \cdot \pi$ $\quad r = \frac{U}{2 \cdot r}$

$U = d \cdot \pi$ $\quad d = \frac{U}{\pi}$ $\quad \pi = 3{,}14$

A	Fläche [m²; cm²; mm²]	r	Radius [m; cm; mm]
d	Durchmesser [m; cm; mm]	U	Umfang [m; cm; mm]

Halbkreis

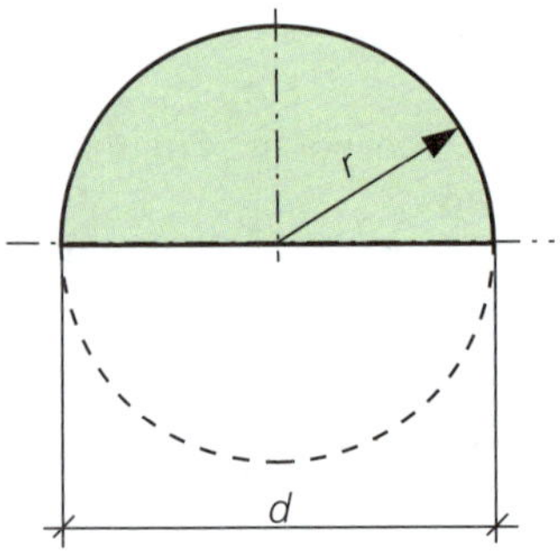

$A = \frac{r \cdot r \cdot \pi}{2}$ $\quad A = \frac{r^2 \cdot \pi}{2}$ $\quad r = \sqrt{\frac{2 \cdot A}{\pi}}$

$A = \frac{d \cdot d \cdot \pi}{8}$ $\quad A = \frac{d^2 \cdot \pi}{8}$ $\quad d = \sqrt{\frac{8 \cdot A}{\pi}}$

$U = r \cdot \pi + d$ $\quad r = \frac{U - d}{\pi}$

$U = \frac{d \cdot \pi}{2} + d$ $\quad \pi = 3{,}14$

A	Fläche [m²; cm²; mm²]	r	Radius [m; cm; mm]
d	Durchmesser [m; cm; mm]	U	Umfang [m; cm; mm]

Viertelkreis

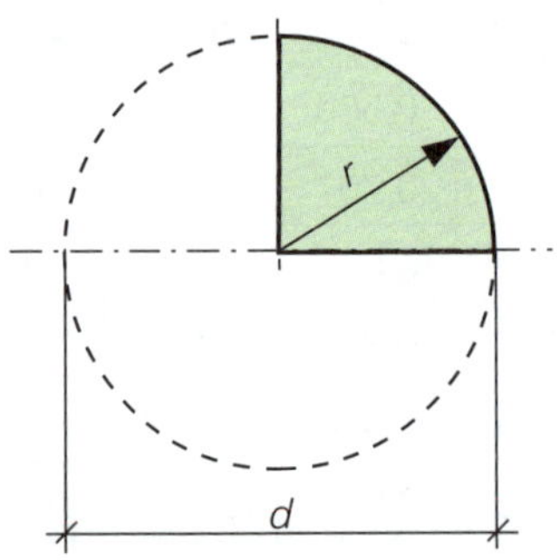

$A = \frac{r \cdot r \cdot \pi}{4}$ $\quad A = \frac{r^2 \cdot \pi}{4}$ $\quad r = \sqrt{\frac{4 \cdot A}{\pi}}$

$A = \frac{d \cdot d \cdot \pi}{16}$ $\quad A = \frac{d^2 \cdot \pi}{16}$ $\quad d = \sqrt{\frac{16 \cdot A}{\pi}}$

$U = \frac{r \cdot \pi}{2} + d$ $\quad r = \frac{2 \cdot (U - d)}{\pi}$

$U = \frac{d \cdot \pi}{4} + d$ $\quad \pi = 3{,}14$

A	Fläche [m²; cm²; mm²]	r	Radius [m; cm; mm]
d	Durchmesser [m; cm; mm]	U	Umfang [m; cm; mm]

Kreisausschnitt (Sektor)

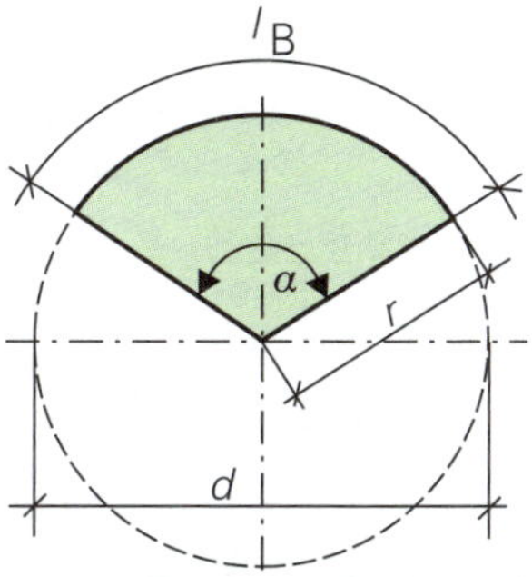

$$A = \frac{d^2 \cdot \pi \cdot \alpha}{4 \cdot 360°} \qquad d = \sqrt{\frac{4 \cdot 360° \cdot A}{\pi \cdot \alpha}} \qquad \alpha = \frac{4 \cdot 360°}{d^2 \cdot \pi}$$

$$A = \frac{d \cdot l_B}{4} \qquad d = \frac{4 \cdot A}{l_B} \qquad l_B = \frac{4 \cdot A}{d}$$

$$U = \frac{d \cdot \pi \cdot \alpha}{360°} + d \qquad l_B = \frac{d \cdot \pi \cdot \alpha}{360°} \qquad U = l_B + d$$

A	Fläche [m²; cm²; mm²]	r	Radius [m; cm; mm]
d	Durchmesser [m; cm; mm]	U	Umfang [m; cm; mm]
α	Mittelpunktswinkel [°]	l_B	Bogenlänge [m; cm; mm]

Kreisabschnitt (Segment)

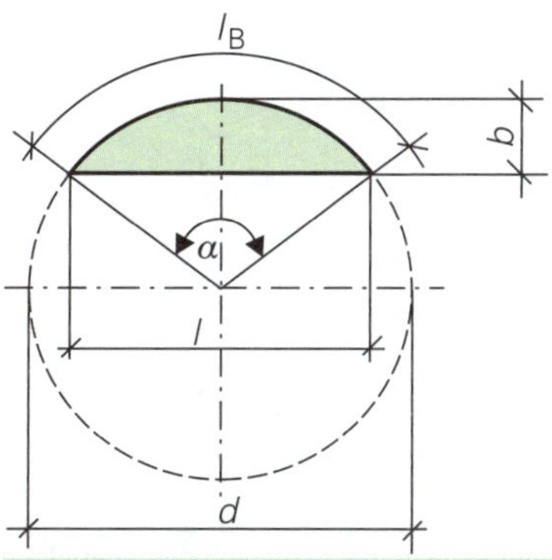

$$A = \frac{d^2 \cdot \pi \cdot \alpha}{4 \cdot 360°} - \frac{l \cdot (r - b)}{2} \qquad A = \frac{l_B \cdot r - l \cdot (r - b)}{2}$$

$$l = d \cdot \sin\frac{\alpha}{2} \qquad l = 2 \cdot \sqrt{b \cdot (d - b)}$$

$$b = r - \sqrt{r^2 - \frac{l^2}{4}} \qquad r = \frac{b}{2} + \frac{l^2}{8 \cdot b}$$

$$l_B = \frac{\pi \cdot d \cdot \alpha}{360°} \qquad U = l_B + l \qquad U = \frac{\pi \cdot d \cdot \alpha}{360°} + l$$

A	Fläche [m²; cm²; mm²]	U	Umfang [m; cm; mm]
d	Durchmesser [m; cm; mm]	l	Sehnenlänge [m; cm; mm]
α	Mittelpunktswinkel [°]	l_B	Bogenlänge [m; cm; mm]

Kreisring

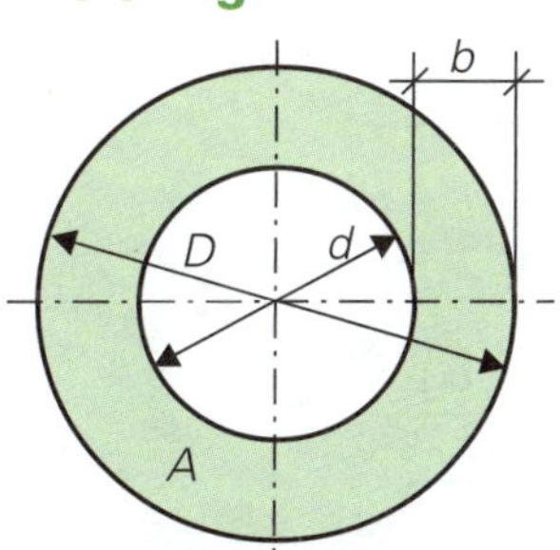

$$A = \frac{\left(D^2 - d^2\right) \cdot \pi}{4} \qquad D = \sqrt{\frac{4 \cdot A}{\pi} + d^2} \qquad d = \sqrt{D^2 - \frac{4 \cdot A}{\pi}}$$

$$b = \frac{D - d}{2} \qquad U_i = d \cdot \pi \qquad U_a = D \cdot \pi$$

$$U = U_i + U_a \qquad U = (D + d) \cdot \pi$$

A	Fläche [m²; cm²; mm²]	U	Umfang [m; cm; mm]
d	Durchmesser innen [m; cm; mm]	U_i	Umfang innen [m; cm; mm]
D	Durchmesser außen [m; cm; mm]	U_a	Umfang außen [m; cm; mm]
b	Kreisringbreite [m; cm; mm]		

Kreisringausschnitt

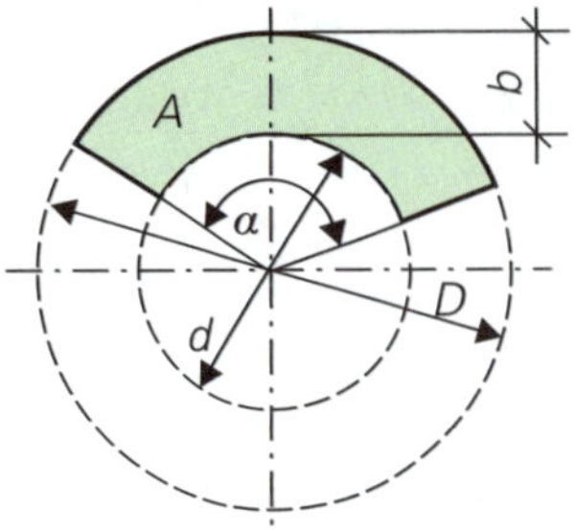

$$A = \frac{\left(D^2 - d^2\right) \cdot \pi}{4} \cdot \frac{\alpha}{360°} \qquad b = \frac{D - d}{2}$$

$$l_{Bi} = \frac{\pi \cdot d \cdot \alpha}{360°} \qquad l_{Ba} = \frac{\pi \cdot D \cdot \alpha}{360°}$$

$$U = l_{Bi} + l_{Ba} + 2 \cdot b \qquad U = \frac{(D + d) \cdot \pi \cdot \alpha}{360°} + (D - d)$$

A	Fläche [m²; cm²; mm²]	U	Umfang [m; cm; mm]
d	Durchmesser innen [m; cm; mm]	l_{Bi}	Bogenlänge innen [m; cm; mm]
D	Durchmesser außen [m; cm; mm]	l_{Ba}	Bogenlänge außen [m; cm; mm]
b	Kreisringbreite [m; cm; mm]	α	Mittelpunktswinkel [°]

Ellipse

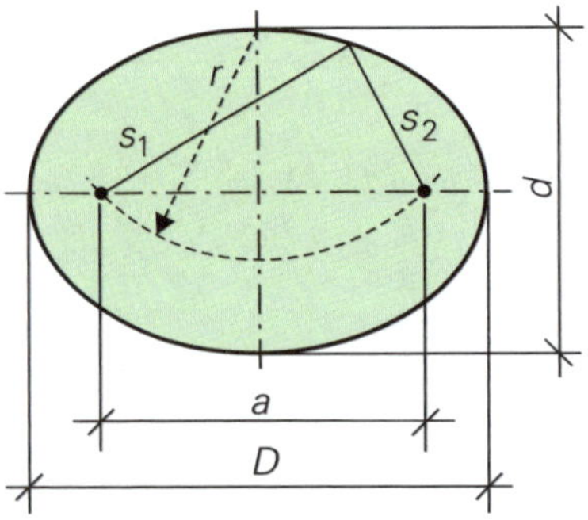

$$A = \frac{D \cdot d \cdot \pi}{4} \qquad d = \frac{4 \cdot A}{D \cdot \pi} \qquad D = \frac{4 \cdot A}{d \cdot \pi}$$

$$U \approx \frac{d + D}{2} \cdot \pi \qquad d \approx \frac{2 \cdot U}{\pi} - D \qquad D \approx \frac{2 \cdot U}{\pi} - d$$

$$a = \sqrt{D^2 - d^2} \qquad \varepsilon = \frac{a}{D} \text{ wobei } 0 \leq \varepsilon \leq 1$$

$$r = \frac{D}{2} \qquad s_1 + s_2 = D$$

A	Fläche [m²; cm²; mm²]	D	Großer Durchmesser [m; cm; mm]
d	Kleiner Durchmesser [m; cm; mm]	U	Umfang [m; cm; mm]
a	Abstand Brennpunkte [m; cm; mm]	ε	Exzentrizität

Ellipsenring

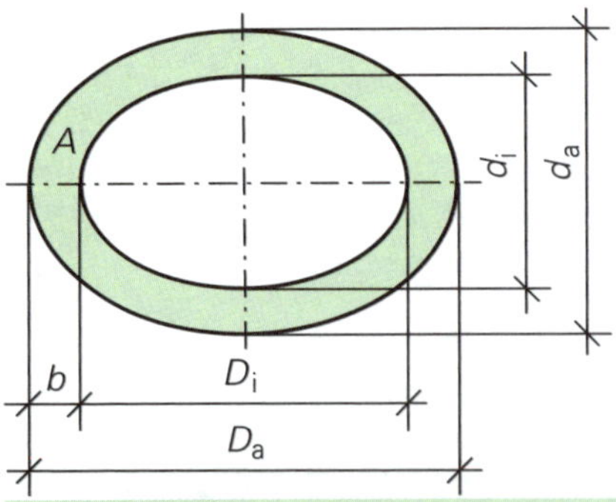

$$A = \frac{(D_a \cdot d_a - D_i \cdot d_i) \cdot \pi}{4}$$

$$b = \frac{D_a - D_i}{2} = \frac{d_a - d_i}{2}$$

$$U \approx \frac{(D_a + d_a + D_i + d_i) \cdot \pi}{2}$$

A	Fläche [m²; cm²; mm²]	U	Umfang [m; cm; mm]
d	Kleiner Durchmesser [m; cm; mm]	b	Ellipsenringbreite [m; cm; mm]
D	Großer Durchmesser [m; cm; mm]		

Oval aus n Kreisen

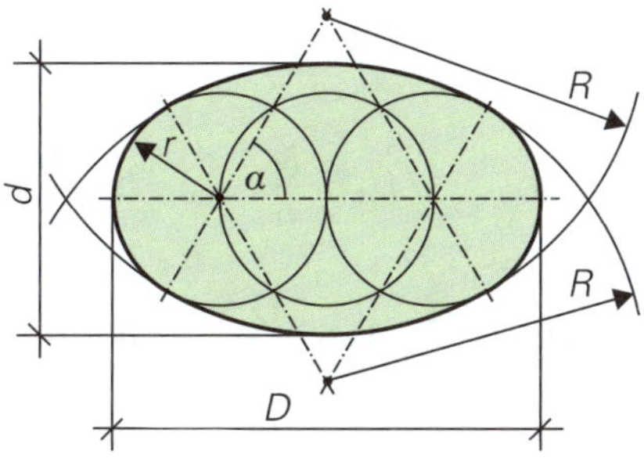

$$A = \frac{D \cdot d \cdot \pi}{4} \qquad d = \frac{4 \cdot A}{D \cdot \pi} \qquad D = \frac{4 \cdot A}{d \cdot \pi}$$

$$D = (n+1) \cdot r \qquad R = n \cdot r$$

$$d = 2 \cdot n \cdot r - \sqrt{3} \cdot (n-1) \cdot r$$

$$U = 2 \cdot \frac{(n+2)}{3} \cdot r \cdot \pi$$

A	Fläche [m²; cm²; mm²]	r	Kreisradius [m; cm; mm]
D	Großer Durchmesser [m; cm; mm]	R	Bogenradius [m; cm; mm]
d	Kleiner Durchmesser [m; cm; mm]	U	Umfang [m; cm; mm]
n	Anzahl der Kreise		

Ei

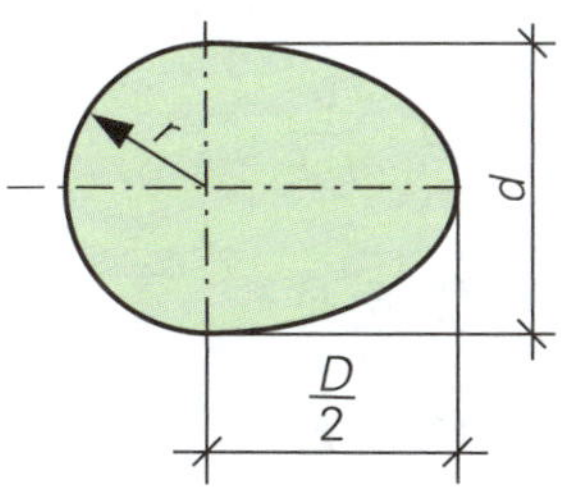

$$A = \frac{(d \cdot D \cdot \pi) + (d^2 \cdot \pi)}{8}$$

$$U = \left(\frac{d + D}{4} + \frac{d}{2}\right) \cdot \pi$$

A	Fläche [m²; cm²; mm²]	D	Großer Durchmesser [m; cm; mm]
d	Kleiner Durchmesser [m; cm; mm]	U	Umfang [m; cm; mm]

Zusammengesetzte Fläche

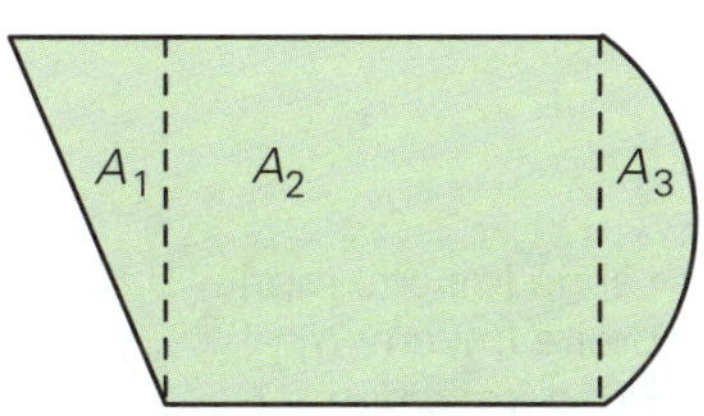

Gesamtfläche ist die Summe der Teilflächen.

$A = A_1 + A_2 + \ldots + A_n$

U = Summe der Seitenlängen

A	Fläche [m²; cm²; mm²]	U	Umfang [m; cm; mm]

Prismatische Körper

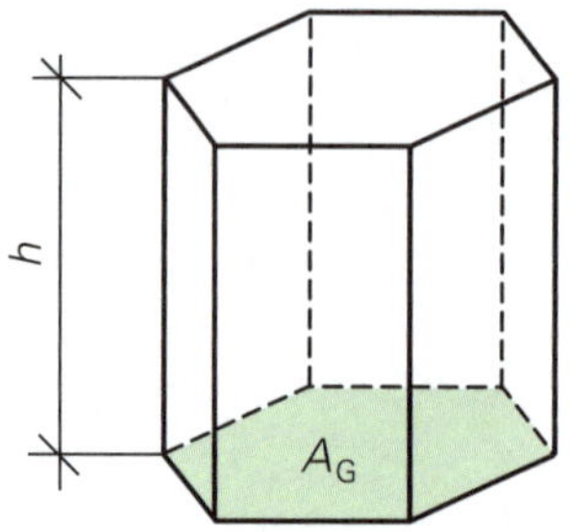

$$V = A_G \cdot h \qquad A_G = \frac{V}{h} \qquad h = \frac{V}{A_G}$$

$$M = U_G \cdot h \qquad U_G = \frac{M}{h} \qquad h = \frac{M}{U_G}$$

$$O = 2 \cdot A_G \cdot h \qquad A_G = \frac{O}{2 \cdot h} \qquad h = \frac{O}{2 \cdot A_G}$$

V	Volumen [m³; cm³; mm³]	U_G	Umfang der Grundfläche [m; cm; mm]
O	Oberfläche [m²; cm²; mm²]	h	Höhe [m; cm; mm]
M	Mantelfläche [m²; cm²; mm²]		
A_G	Grundfläche [m²; cm²; mm²]		

Quader

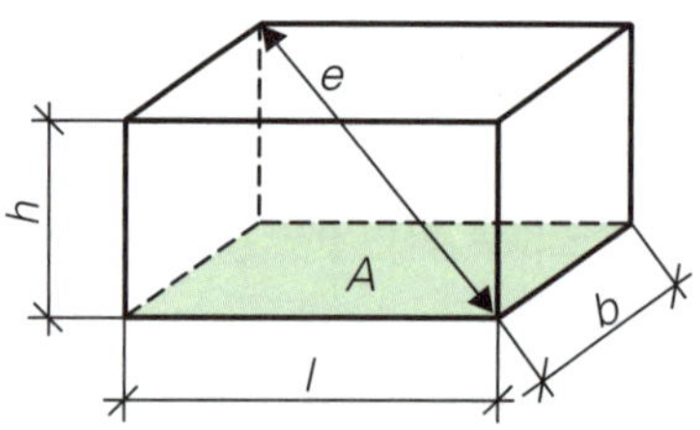

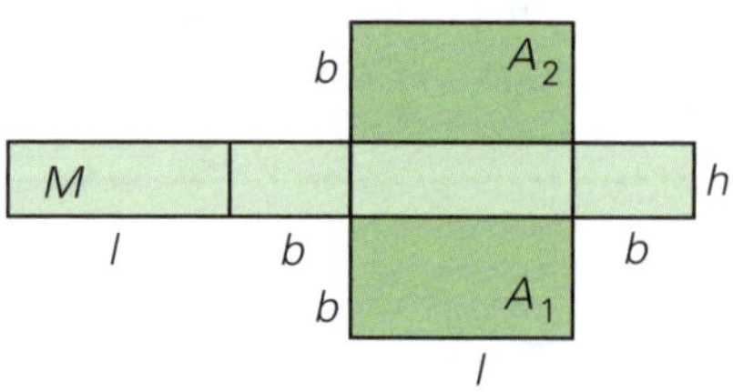

Abwicklung

$$V = l \cdot b \cdot h$$

$$l = \frac{V}{b \cdot h} \qquad b = \frac{V}{l \cdot h} \qquad h = \frac{V}{b \cdot l}$$

$$M = (2 \cdot l \cdot h) + (2 \cdot b \cdot h)$$

$$O = (2 \cdot l \cdot b) + (2 \cdot l \cdot h) + (2 \cdot b \cdot h)$$

$$l = \frac{O - (2 \cdot b \cdot h)}{2 \cdot (b + h)} \qquad b = \frac{O - (2 \cdot l \cdot h)}{2 \cdot (l + h)}$$

$$h = \frac{O - (2 \cdot b \cdot l)}{2 \cdot (b + l)}$$

$$e = \sqrt{l^2 + b^2 + h^2}$$

V	Volumen [m³; cm³; mm³]	l	Länge [m; cm; mm]
O	Oberfläche [m²; cm²; mm²]	b	Breite [m; cm; mm]
M	Mantelfläche [m²; cm²; mm²]	h	Höhe [m; cm; mm]
A	Grundfläche [m²; cm²; mm²]	e	Raumdiagonale [m; cm; mm]

Würfel

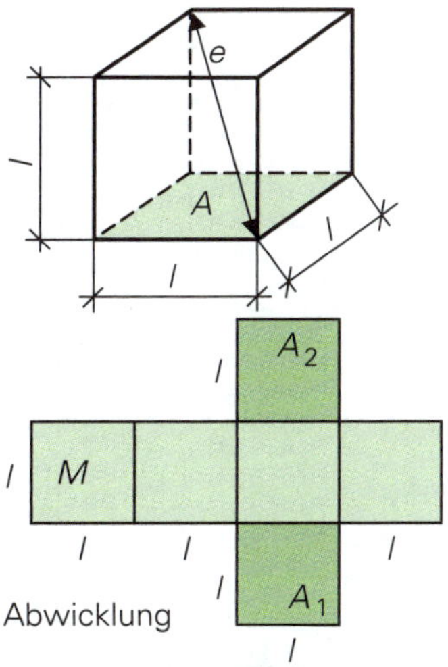

$$V = l \cdot l \cdot l \qquad V = l^3 \qquad l = \sqrt[3]{V}$$

$$M = 4 \cdot l \cdot l \qquad M = 4 \cdot l^2 \qquad l = \sqrt{\frac{M}{4}}$$

$$O = 6 \cdot l \cdot l \qquad O = 6 \cdot l^2 \qquad l = \sqrt{\frac{O}{6}}$$

$$e = l \cdot \sqrt{3}$$

V	Volumen [m^3; cm^3; mm^3]	A	Grundfläche [m^2; cm^2; mm^2]
O	Oberfläche [m^2; cm^2; mm^2]	l	Länge [m; cm; mm]
M	Mantelfläche [m^2; cm^2; mm^2]	e	Raumdiagonale [m; cm; mm]

Dreikantprisma

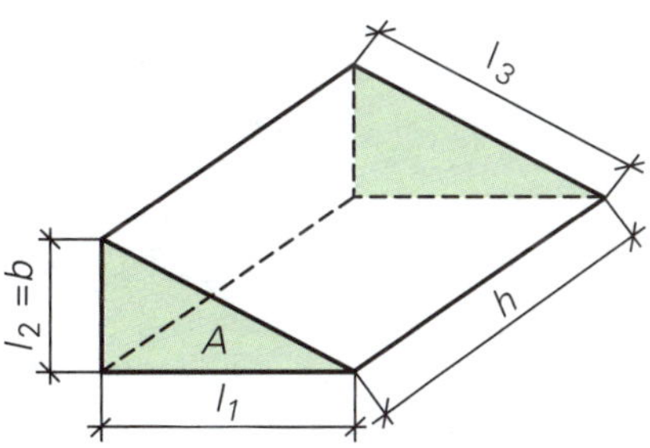

$$V = \frac{l_1 \cdot b \cdot h}{2}$$

$$M = (l_1 + l_2 + l_3) \cdot h$$

$$O = (l_1 + l_2 + l_3) \cdot h + l_1 \cdot b$$

V	Volumen [m^3; cm^3; mm^3]
O	Oberfläche [m^2; cm^2; mm^2]
M	Mantelfläche [m^2; cm^2; mm^2]

Trapezprisma

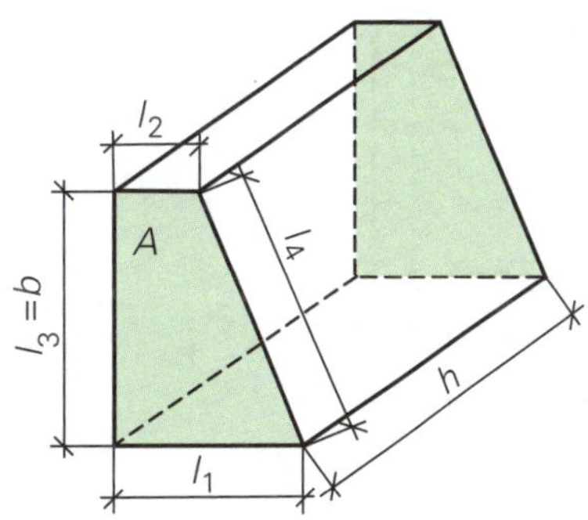

$$V = \frac{(l_1 + l_2)}{2} \cdot b \cdot h$$

$$M = (l_1 + l_2 + l_3 + l_4) \cdot h$$

$$O = (l_1 + l_2 + l_3 + l_4) \cdot h + \frac{l_1 + l_2}{2} \cdot b \cdot 2$$

A	Grundfläche [m^2; cm^2; mm^2]
l	Länge [m; cm; mm]
b	Breite [m; cm; mm]
h	Höhe [m; cm; mm]

Zylinder

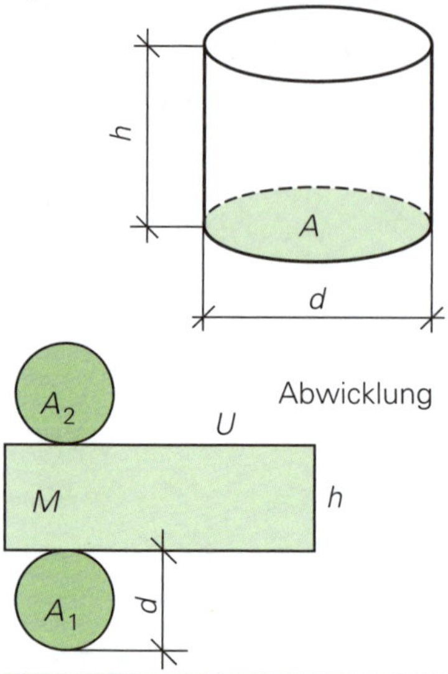

$$V = \frac{d^2 \cdot \pi \cdot h}{4} \qquad h = \frac{4 \cdot V}{\pi \cdot d^2} \qquad d = \sqrt{\frac{4 \cdot V}{\pi \cdot h}}$$

$$M = d \cdot \pi \cdot h \qquad d = \frac{M}{\pi \cdot h} \qquad h = \frac{M}{\pi \cdot d}$$

$$O = d \cdot \pi \cdot h + \frac{d^2 \cdot \pi}{2} \qquad h = \frac{O}{d \cdot \pi} - \frac{d}{2}$$

V	Volumen [m³; cm³; mm³]	A	Grundfläche [m²; cm²; mm²]
O	Oberfläche [m²; cm²; mm²]	d	Durchmesser [m; cm; mm]
M	Mantelfläche [m²; cm²; mm²]	h	Höhe [m; cm; mm]

Hohlzylinder

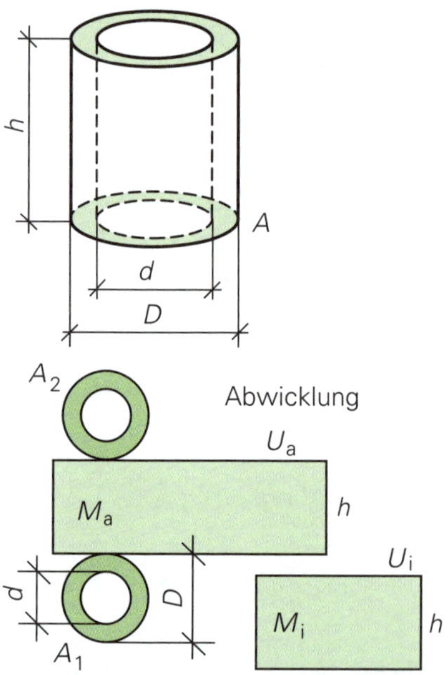

$$V = \frac{\left(D^2 - d^2\right) \cdot \pi \cdot h}{4} \qquad h = \frac{4 \cdot V}{\left(D^2 - d^2\right) \cdot \pi}$$

$$D = \sqrt{\frac{4 \cdot V}{\pi \cdot h} + d_2^2} \qquad d = \sqrt{D^2 - \frac{4 \cdot V}{\pi \cdot h}}$$

$$M = M_i + M_a \qquad M_i = d \cdot \pi \cdot h \qquad M_a = D \cdot \pi \cdot h$$

$$O = (D + d) \cdot \pi \cdot \frac{(D - d) + h}{2}$$

$$h = \frac{O}{(D + d) \cdot \pi} - \frac{D - d}{2}$$

V	Volumen [m³; cm³; mm³]	d	Durchmesser innen [m; cm; mm]
O	Oberfläche [m²; cm²; mm²]	D	Durchmesser außen [m; cm; mm]
M	Mantelfläche [m²; cm²; mm²]	h	Höhe [m; cm; mm]
A	Grundfläche [m²; cm²; mm²]		

Spitze Körper

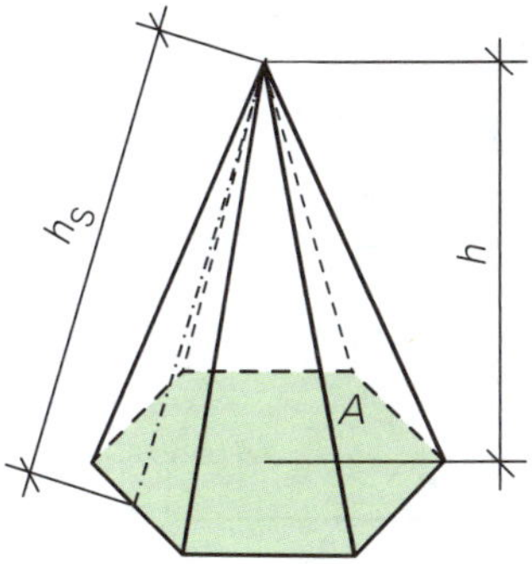

$$V = \frac{A_G \cdot h}{3} \qquad A_G = \frac{3 \cdot V}{h} \qquad h = \frac{3 \cdot V}{A_G}$$

$$M = \frac{U_G \cdot h_S}{2} \qquad U_G = \frac{2 \cdot M}{h_S} \qquad h_S = \frac{2 \cdot M}{U_G}$$

$$O = A_G + M \qquad A_G = O - M \qquad M = O - A_G$$

V	Volumen [m³; cm³; mm³]	U_G	Umfang der Grundfläche [m; cm; mm]
O	Oberfläche [m²; cm²; mm²]	h	Höhe [m; cm; mm]
M	Mantelfläche [m²; cm²; mm²]	h_S	Seitenflächenhöhe [m; cm; mm]
A_G	Grundfläche [m²; cm²; mm²]		

Pyramide

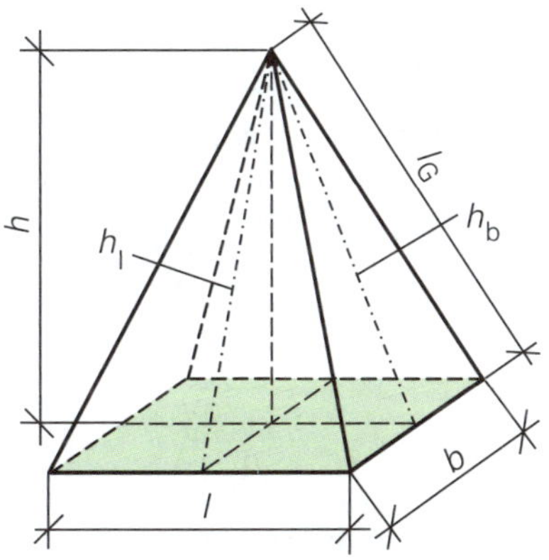

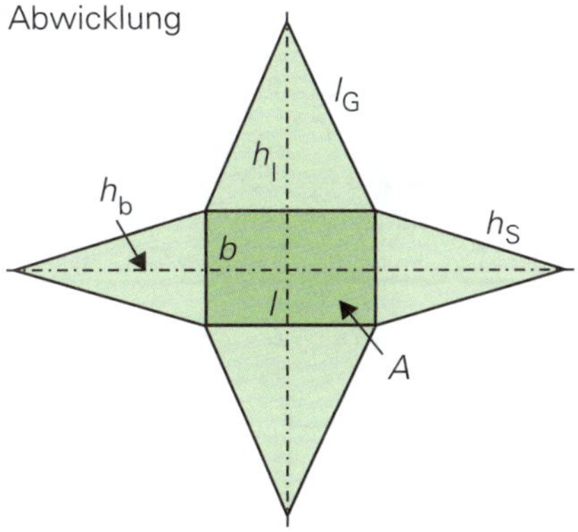

$$V = \frac{l \cdot b \cdot h}{3} \qquad l = \frac{3 \cdot V}{b \cdot h} \qquad b = \frac{3 \cdot V}{l \cdot h} \qquad h = \frac{3 \cdot V}{l \cdot b}$$

$$h_l = \sqrt{\left(\frac{b}{2}\right)^2 + h^2} \qquad h_b = \sqrt{\left(\frac{l}{2}\right)^2 + h^2}$$

$$M = 2 \cdot \left(\frac{b \cdot h_b}{2} + \frac{l \cdot h_l}{2}\right) \qquad O = 2 \cdot \left(\frac{b \cdot h_b}{2} + \frac{l \cdot h_l}{2}\right) + l \cdot b$$

V	Volumen [m³; cm³; mm³]	b	Breite [m; cm; mm]
O	Oberfläche [m²; cm²; mm²]	h	Höhe [m; cm; mm]
M	Mantelfläche [m²; cm²; mm²]	h_l, h_b	Seitenflächenhöhe [m; cm; mm]
A_G	Grundfläche [m²; cm²; mm²]	l_G	Gratlänge [m; cm; mm]
l	Länge [m; cm; mm]		

Kegel

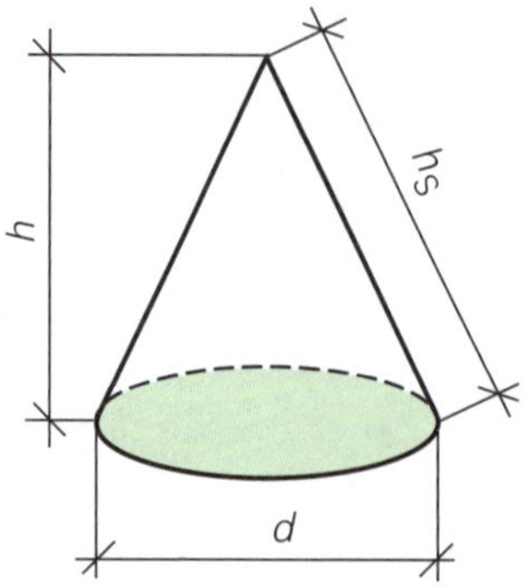

Abwicklung

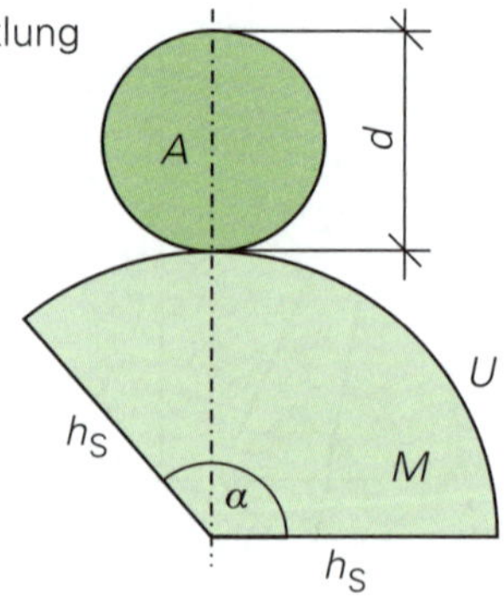

$$V = \frac{d^2 \cdot \pi \cdot h}{12} \qquad h = \frac{12 \cdot V}{\pi \cdot d^2} \qquad d = \sqrt{\frac{12 \cdot V}{\pi \cdot h}} \qquad h_S = \sqrt{\left(\frac{d}{2}\right)^2 + h^2}$$

$$M = \frac{d \cdot \pi \cdot h_S}{2} \qquad h_S = \frac{2 \cdot M}{\pi \cdot d} \qquad d = \frac{2 \cdot M}{\pi \cdot h_S} \qquad U = d \cdot \pi$$

$$O = \frac{d \cdot \pi \cdot h_S}{2} + \frac{d^2 \cdot \pi}{4} \qquad \alpha = 360° - \frac{d}{2 \cdot h_S} \qquad A = \frac{d^2 \cdot \pi}{4}$$

V	Volumen [m³; cm³; mm³]	U	Umfang [m; cm; mm]
O	Oberfläche [m²; cm²; mm²]	d	Durchmesser [m; cm; mm]
M	Mantelfläche [m²; cm²; mm²]	h	Höhe [m; cm; mm]
A	Grundfläche [m²; cm²; mm²]	h_S	Seitenhöhe [m; cm; mm]

Keil

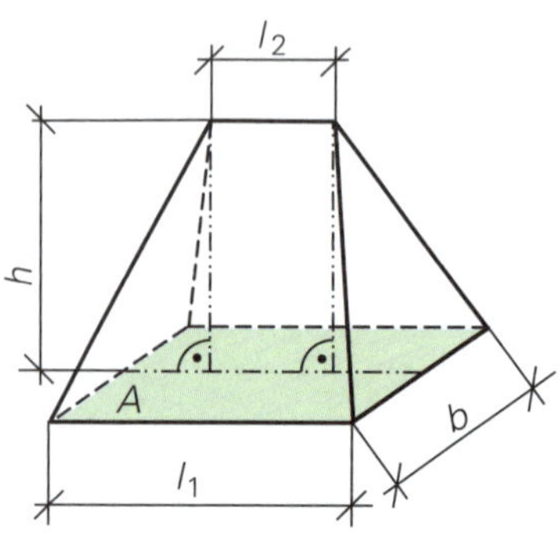

Abwicklung

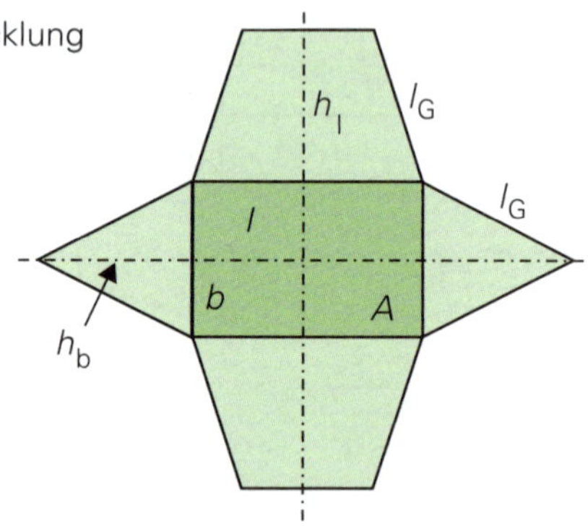

$$V = \frac{h \cdot b \cdot (2 \cdot l_1 + l_2)}{6} \qquad M = b \cdot h_b + (l_1 + l_2) \cdot h_l \qquad O = l_1 \cdot b + b \cdot h_b + (l_1 + l_2) \cdot h_l$$

V	Volumen [m³; cm³; mm³]	b	Breite [m; cm; mm]
O	Oberfläche [m²; cm²; mm²]	h	Höhe [m; cm; mm]
M	Mantelfläche [m²; cm²; mm²]	h_l, h_b	Seitenflächenhöhen [m; cm; mm]
A	Grundfläche [m²; cm²; mm²]	l_G	Gratlänge [m; cm; mm]
l	Länge [m; cm; mm]		

Stumpfe Körper

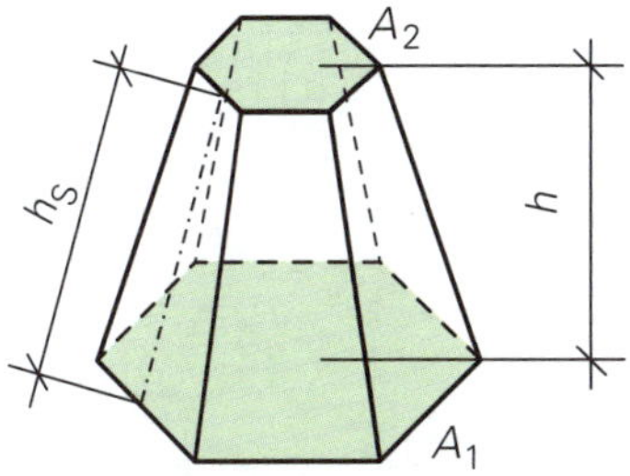

$$V = \frac{h}{3} \cdot \left(A_1 + A_2 + \sqrt{A_1 + A_2}\right) \qquad V \approx \frac{A_1 + A_2}{2} \cdot h$$

$$M = \frac{U_1 + U_2}{2} \cdot h_S$$

$$O = A_1 + A_2 + M$$

V	Volumen [m³; cm³; mm³]	U	Umfang der Grundfläche [m; cm; mm]
O	Oberfläche [m²; cm²; mm²]	h	Höhe [m; cm; mm]
M	Mantelfläche [m²; cm²; mm²]	h_S	Seitenflächenhöhe [m; cm; mm]
A	Grundfläche [m²; cm²; mm²]		

Pyramidenstumpf

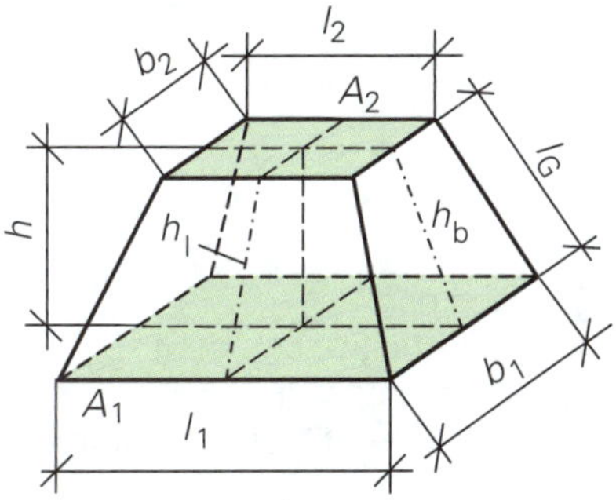

$$V = \frac{h}{3} \cdot \left(A_1 + A_2 + \sqrt{A_1 + A_2}\right) \qquad V \approx \frac{A_1 + A_2}{2} \cdot h$$

$$A_1 = l_1 \cdot b_1 \qquad A_2 = l_2 \cdot b_2$$

$$h = \frac{3 \cdot V}{A_1 + A_2 + \sqrt{A_1 + A_2}} \qquad h_S = \sqrt{h_l^2 + \left(\frac{l_1 - l_2}{2}\right)^2}$$

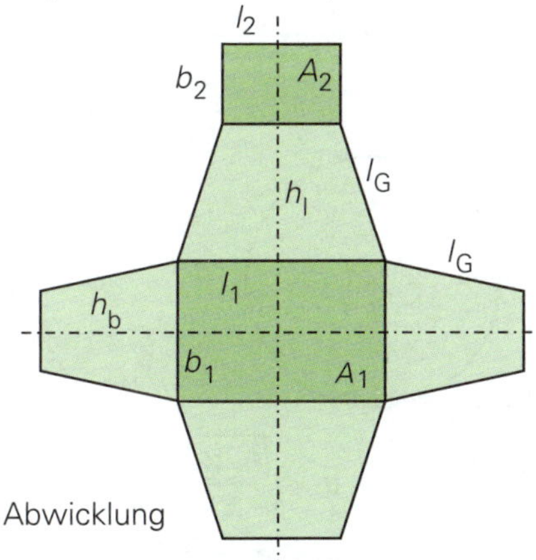

Abwicklung

$$h_l = \sqrt{h^2 + \left(\frac{b_1 - b_2}{2}\right)^2} \qquad h_b = \sqrt{h^2 + \left(\frac{l_1 - l_2}{2}\right)^2}$$

$$M = h_l \cdot (l_1 + l_2) + h_b \cdot (b_1 + b_2)$$

$$O = A_1 + A_2 + M$$

V	Volumen [m³; cm³; mm³]	b	Breite [m; cm; mm]
O	Oberfläche [m²; cm²; mm²]	h	Höhe [m; cm; mm]
M	Mantelfläche [m²; cm²; mm²]	h_l, h_b	Seitenflächenhöhen [m; cm; mm]
A	Grundfläche [m²; cm²; mm²]	l_G	Gratlänge [m; cm; mm]
l	Länge [m; cm; mm]		

Kegelstumpf

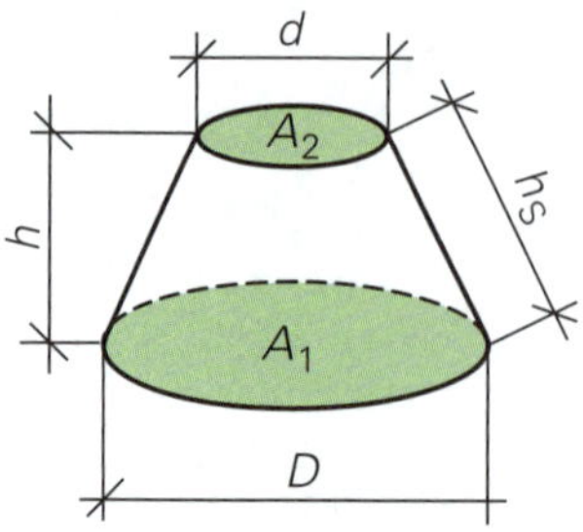

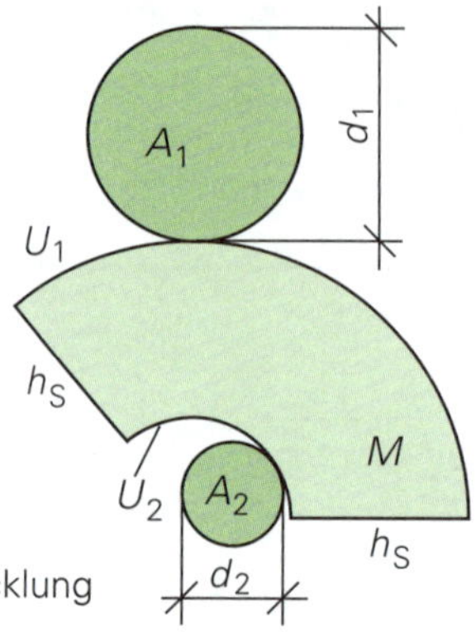

Abwicklung

$$V = \frac{\pi \cdot h}{12} \cdot \left(D^2 + d^2 + D \cdot d\right)$$

$$V \approx \frac{A_1 + A_2}{2} \cdot h \qquad A_1 = \frac{D \cdot \pi}{4} \qquad A_2 = \frac{d \cdot \pi}{4}$$

$$h = \sqrt{h_S^2 - \left(\frac{D-d}{2}\right)^2} \qquad h_S = \sqrt{h^2 + \left(\frac{D-d}{2}\right)^2}$$

$$U_1 = D \cdot \pi \qquad U_2 = d \cdot \pi$$

$$M = \frac{D+d}{2} \cdot \pi \cdot h_S$$

$$O = \frac{\left(D^2 + d^2\right) \cdot \pi}{4} + \frac{D+d}{2} \cdot \pi \cdot h_S$$

V	Volumen [m^3; cm^3; mm^3]	U	Umfang der Grundfläche [m; cm; mm]
O	Oberfläche [m^2; cm^2; mm^2]	h	Höhe [m; cm; mm]
M	Mantelfläche [m^2; cm^2; mm^2]	h_S	Seitenflächenhöhe [m; cm; mm]
A	Grundfläche [m^2; cm^2; mm^2]		

Keilstumpf (Obelisk)

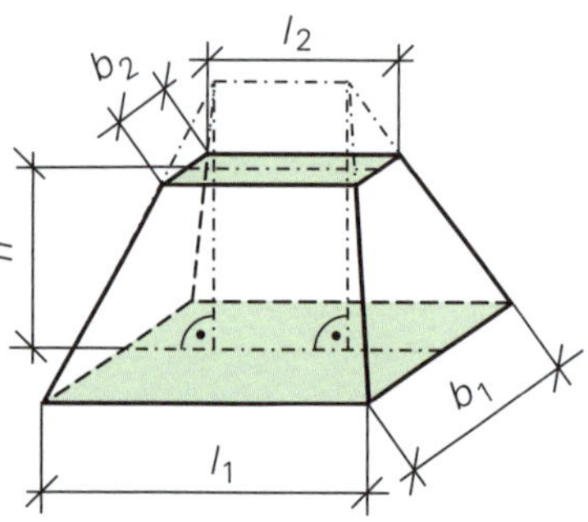

Der Keilstumpf entspricht dem Pyramidenstumpf.

Kugel

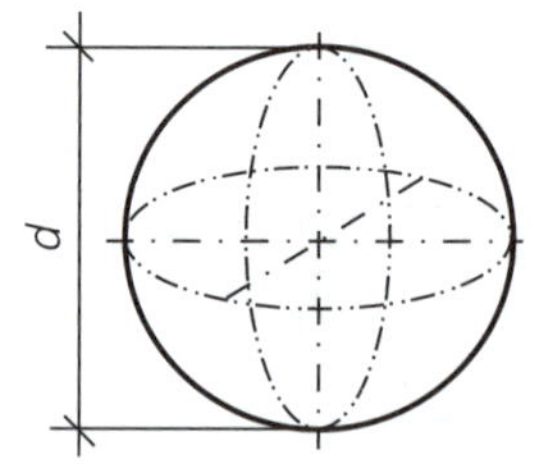

$$V = \frac{\pi \cdot d^3}{6} \qquad d = \sqrt[3]{\frac{6 \cdot V}{\pi}}$$

$$O = d^2 \cdot \pi \qquad d = \sqrt{\frac{O}{\pi}}$$

V	Volumen [m^3; cm^3; mm^3]
O	Oberfläche [m^2; cm^2; mm^2]
d	Durchmesser [m; cm; mm]

Kontruktive Geometrie

Senkrechte konstruieren

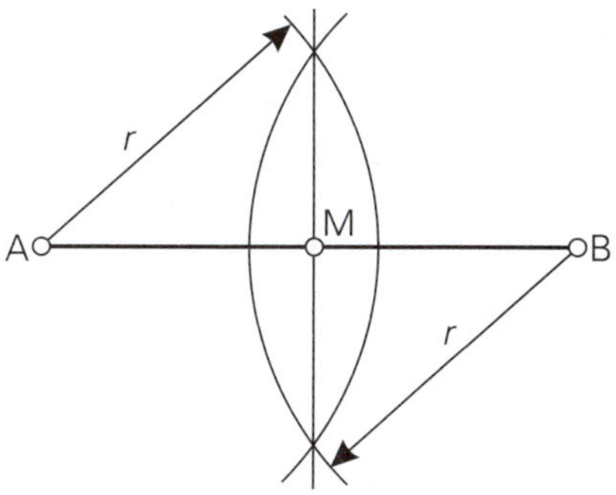

Mittelsenkrechte

Gegeben: Strecke [AB].

1. Kreisbogen mit Radius r um A und um B;
   $r > \frac{[AB]}{2}$.
2. Verbindungslinie der Kreisschnittpunkte ist die Mittelsenkrechte der Strecke [AB].

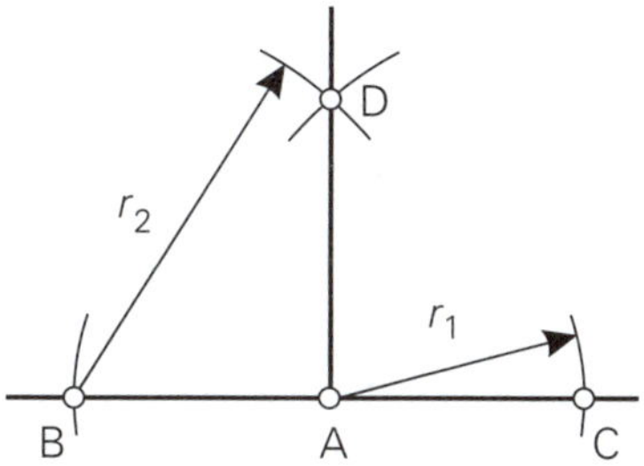

Senkrechte im Punkt A

Gegeben: Punkt A auf einer Geraden.

1. Kreisbogen mit beliebigem Radius r_1 um A ergibt B und C.
2. Kreisbogen mit Radius r_2 um B und um C ergibt Schnittpunkt D.
3. Die Verbindungslinie von A und D steht senkrecht auf der Geraden.

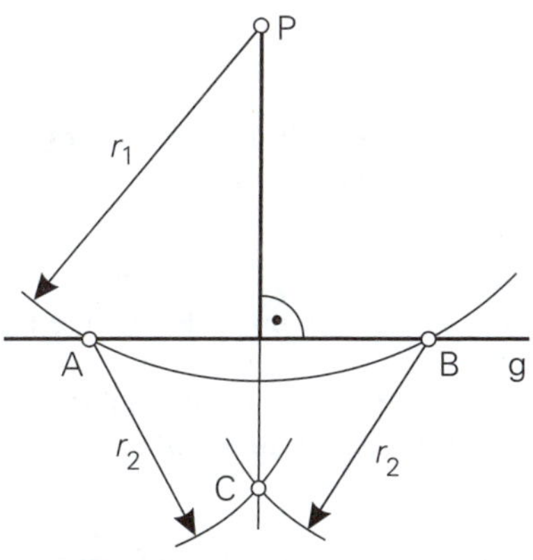

Lot von Punkt P auf Gerade g

Gegeben: Punkt P und Gerade g.

1. Kreisbogen mit beliebigem Radius r_1 um P ergibt A und B.
2. Kreisbogen mit beliebigem Radius r_2 um A und um B ergibt Schnittpunkt C.
3. Die Verbindungslinie von P und C ist das gewünschte Lot.

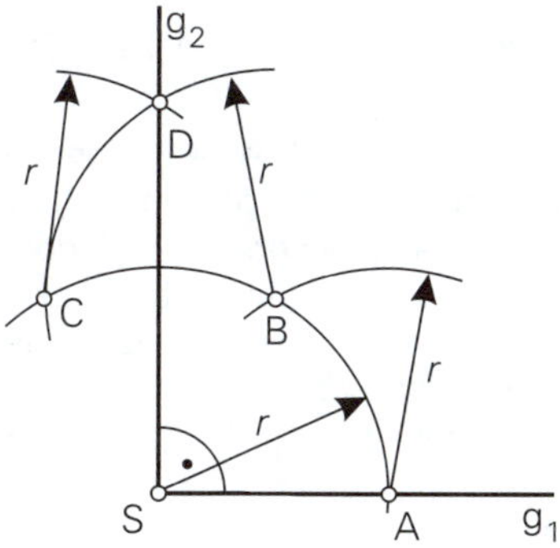

Senkrechte im Endpunkt S

Gegeben: Punkt S auf Gerade g.

1. Kreisbogen mit beliebigem Radius r um S ergibt A.
2. Kreisbogen mit Radius r um A ergibt B.
3. Kreisbogen mit Radius r um B ergibt C.
4. Kreisbogen mit Radius r um C ergibt Schnittpunkt D.
5. Die Verbindungslinie von S und D steht senkrecht auf der Geraden.

Parallele zu einer Geraden

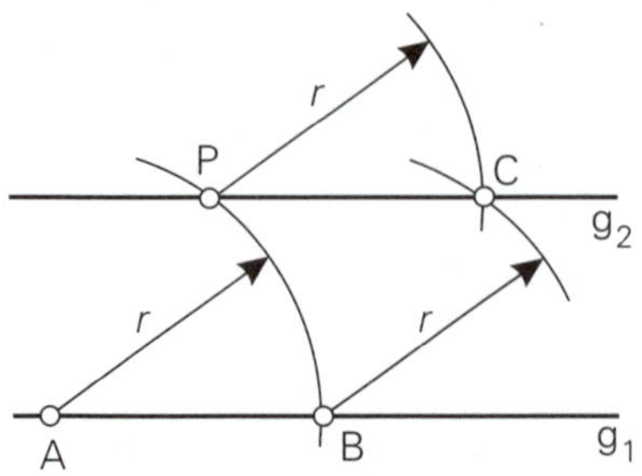

Gegeben: Gerade g_1 und P auf gesuchter Geraden g_2.

1. Kreisbogen mit Radius r um A durch P ergibt B.
2. Kreisbogen mit Radius r um P.
3. Kreisbogen mit Radius r um B ergibt Schnittpunkt C.
4. Gerade g_2 durch P und C ist parallel zu g_1.

Strecken (ein)teilen

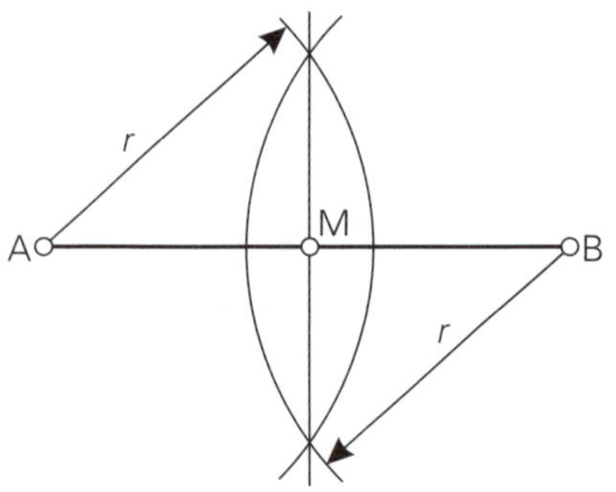

Strecke halbieren

Gegeben: Strecke [AB].

1. Kreisbogen mit Radius r um A und um B;

   $r > \frac{[AB]}{2}$.
2. Verbindungslinie der Kreisschnittpunkte halbiert die Strecke [AB].

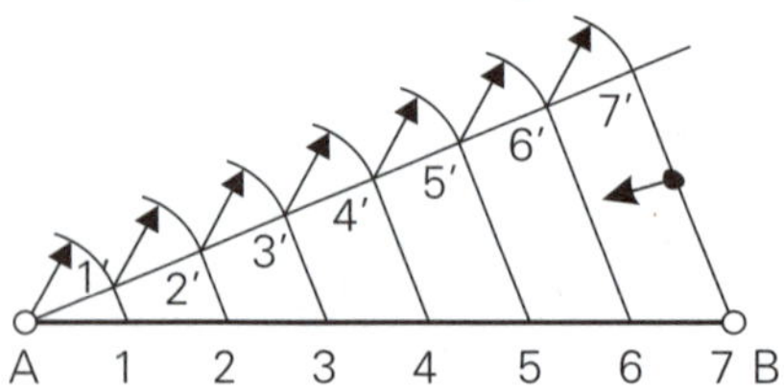

Strecke teilen durch Parallelverschiebung

Gegeben: Strecke [AB] soll in 7 gleiche Teile geteilt werden.

1. Hilfsstrahl ab A in beliebigem Winkel.
2. Auf der Hilfsgeraden 7 gleiche Teile abtragen.
3. 7′ und B verbinden.
4. Parallelen zu [B7′] durch alle Hilfspunkte ergeben die Teilungspunkte auf [AB].

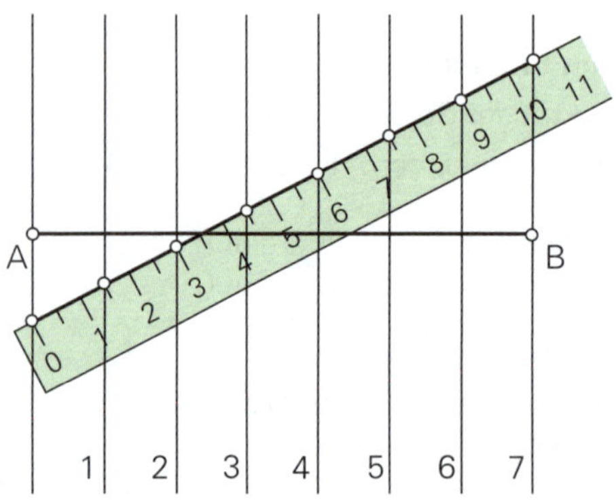

Einfache Praxismethode durch Abmessen

Gegeben: Strecke [AB] soll in 7 gleiche Teile geteilt werden.

1. Rechtwinklig zu [AB] durch A und B Linien ziehen oder vorhandene Körperkanten nützen.
2. Auf der A-Linie das Lineal bei Null anlegen und gewünschte Anzahl schräg abmessen.
3. Hilfslinie ziehen und Maßpunkte anzeichnen.
4. Parallelrisse durch die markierten Punkte ergeben die Teilung.

Strecken (ein)teilen im Goldenen Schnitt

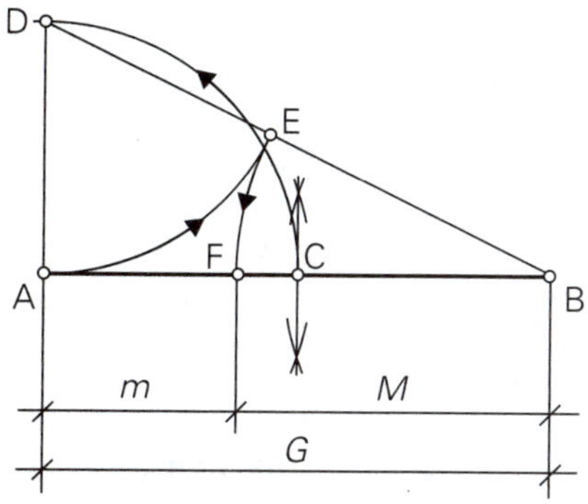

Klassisches Verfahren

Gegeben: Strecke [AB].

1. Strecke [AB] halbieren ergibt C.
2. Auf der Senkrechten in A ergibt Kreisbogen um A mit Radius [AC] Schnittpunkt D.
3. Hilfslinie durch D und B zeichnen.
4. Kreisbogen mit Radius [AC] um D ergibt E auf der Hilfslinie.
5. Kreisbogen mit Radius [BE] um B ergibt F auf der Hilfslinie.
6. F teilt die Strecke [AB] im Verhältnis des Goldenen Schnittes.

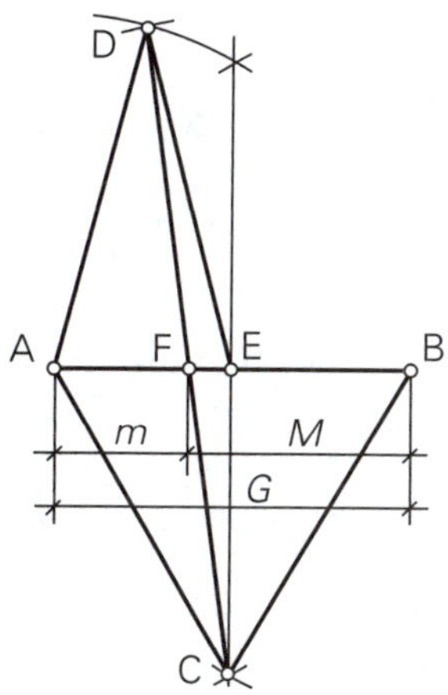

Konstruktion nach Hofstetter

Gegeben: Strecke [AB].

1. Strecke [AB] halbieren ergibt E.
2. Kreisbogen mit Radius [AB] um A und um B ergibt C. Es entsteht unterhalb [AB] ein gleichseitiges Dreieck ABC.
3. Kreisbogen mit Radius [AB] um A und um E ergibt D. Es entsteht oberhalb [AE] ein gleichschenkliges Dreieck AED.
4. Die Strecke [DC] teilt die Strecke [AB] im Schnittpunkt F im Verhältnis des Goldenen Schnittes.

Fortlaufende Streckenteilung im Goldenen Schnitt

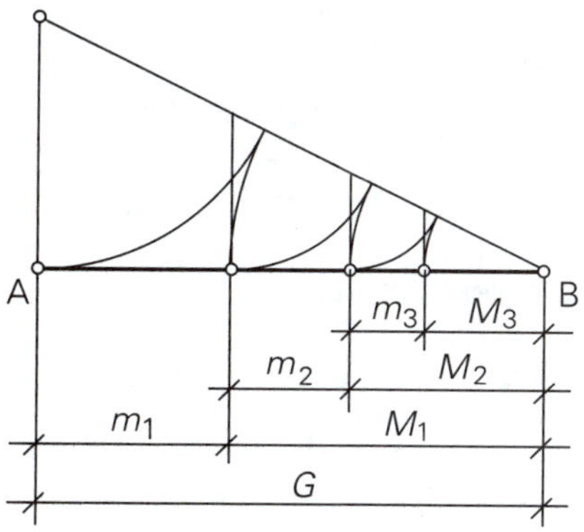

Teilung mit Verhältnissen nach Fibonacci

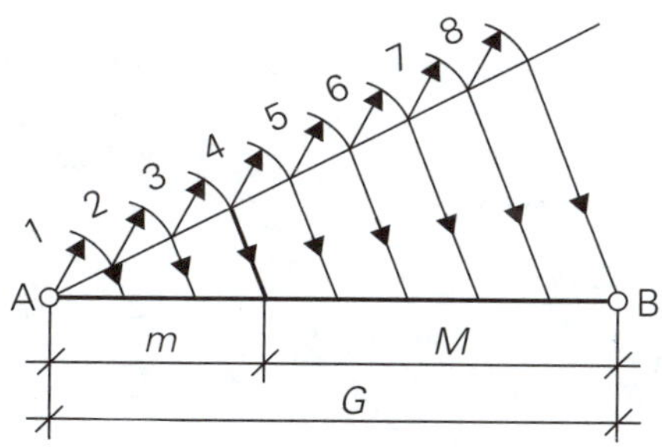

3 : 5

Winkel konstruieren

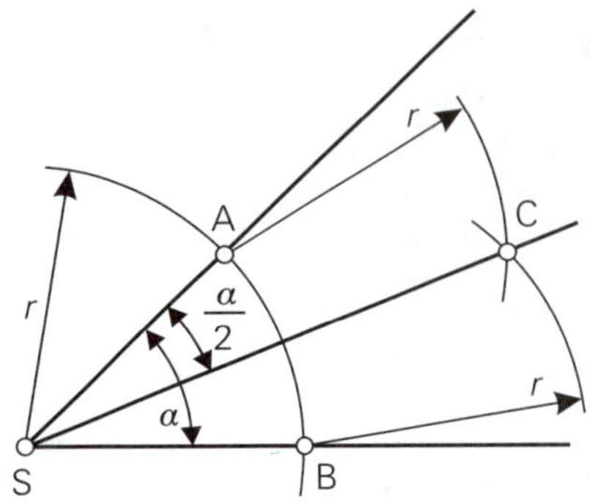

Winkel halbieren

Gegeben: 2 Strecken mit eingeschlossenem Winkel α.

1. Kreisbogen mit beliebigem Radius r um S ergibt A und B.
2. Kreisbogen mit Radius r um A und um B ergibt Schnittpunkt C.
2. Die Verbindungslinie von S und C halbiert den Winkel α.

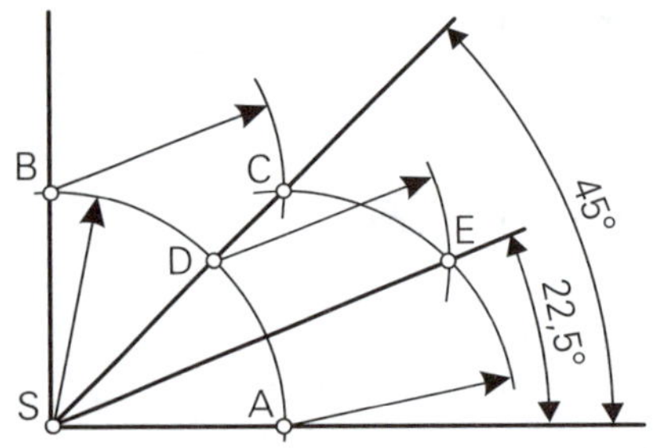

Rechten Winkel vierteln (45°- und 22,5°-Winkel konstruieren)

Gegeben: 2 Strecken im rechten Winkel.

1. Rechten Winkel halbieren über A und B ergibt die 45°-Linie durch C.
2. Wiederholtes halbieren über A und D ergibt die 22,5°-Linie durch E.

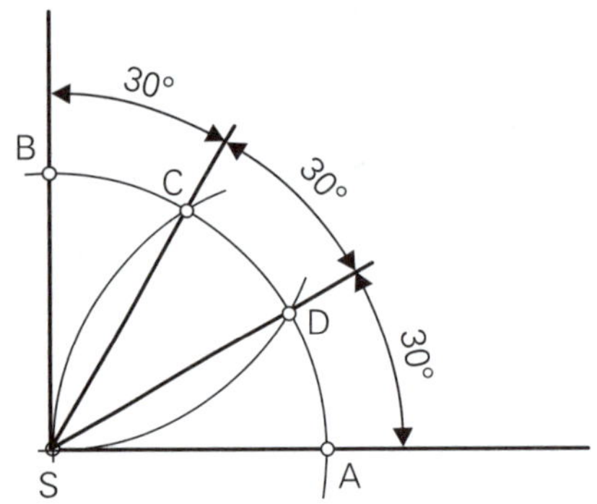

Rechten Winkel dritteln (30°- und 60°-Winkel konstruieren)

Gegeben: 2 Strecken im rechten Winkel.

1. Kreisbogen mit beliebigem Radius r um S ergibt A und B.
2. Kreisbogen mit Radius r um A und um B ergibt Schnittpunkt C und D.
3. Die Verbindungslinien von S durch C sowie von S durch D dritteln den rechten Winkel.

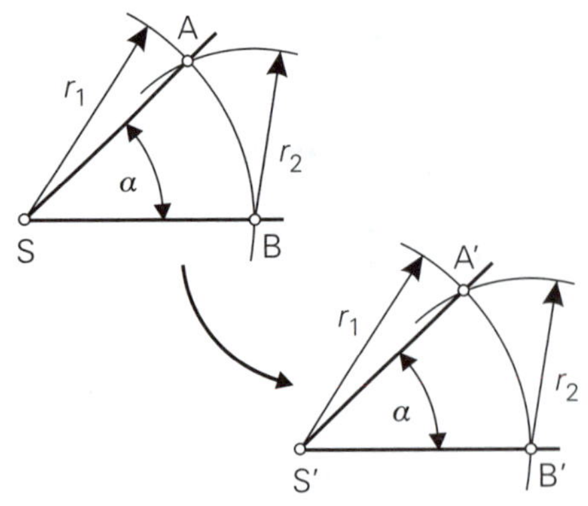

Winkel übertragen

Gegeben: 2 Strecken mit eingeschlossenem Winkel α; 1 weitere Linie mit S'

1. Kreisbogen mit beliebigem Radius r_1 um S ergibt A und B.
2. Kreisbogen mit gleichem Radius r_1 um S' ergibt B'.
3. Strecke [BA] in den Zirkel nehmen = r_2.
4. Kreisbogen mit Radius r_2 um B' ergibt Schnittpunkt A'.
5. Schenkel von S' durch A' ergibt Winkel α.

Dreiecke konstruieren

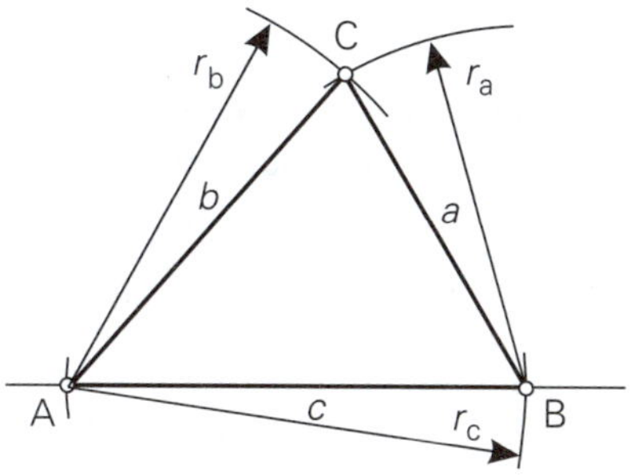

Beliebiges Dreieck

Gegeben: 3 Strecken a, b und c.

1. Linie ziehen, Punkt A markieren.
2. Kreisbogen um A mit Radius r_c = Länge c ergibt Schnittpunkt B.
3. Kreisbogen um B mit Radius r_a = Länge a.
4. Kreisbogen um A mit Radius r_b = Länge b ergibt Schnittpunkt C.
5. Verbinden der Punkte A, B und C.

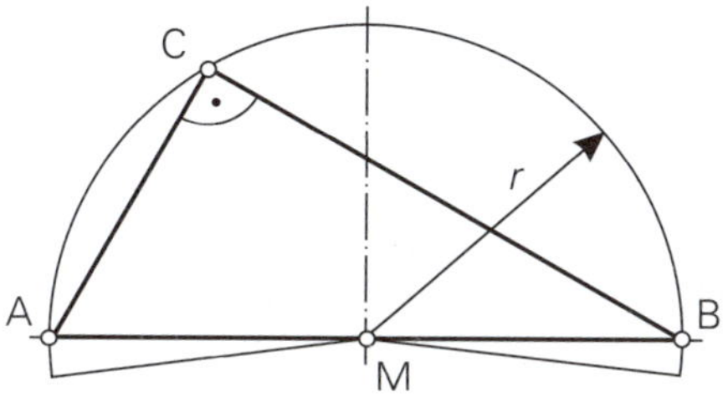

Rechtwinkliges Dreieck (Satz des Thales)

Gegeben: Strecke [AB]

1. Strecke [AB] halbieren ergibt M.
2. Halbkreis um M mit Radius r = [MB].
3. Beliebiger Punkt C auf dem Kreisbogen ergibt den rechten Winkel.
4. Verbinden der Punkte A, B und C.

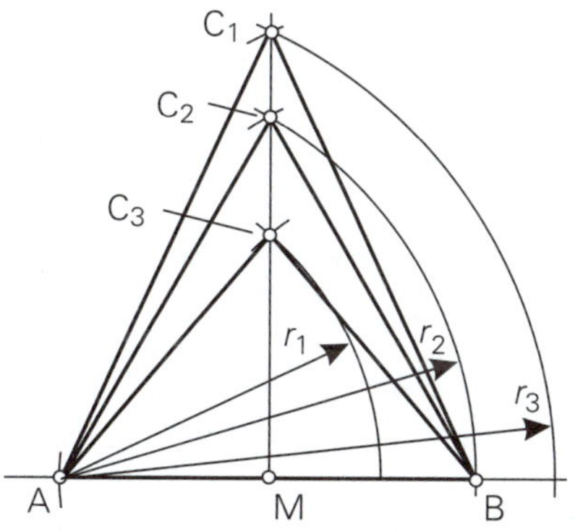

Gleichschenkliges Dreieck und Gleichseitiges Dreieck

Gegeben: Strecke [AB]

1. Mittelsenkrechte auf Strecke [AB] erstellen.
2. Kreisbogen mit Radius r um A und um B ergibt Schnittpunkt C auf der Mittelsenkrechten.
3. Verbinden der Punkte A, B und C.

Gleichschenkliges Dreieck für $r > \frac{[AB]}{2}$.

Gleichseitiges Dreieck für r = [AB]

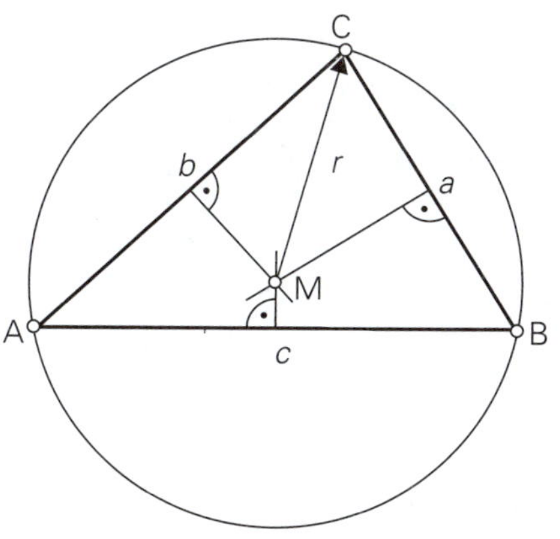

Umkreis zum Dreieck

Gegeben: Dreieck ABC

1. Auf jeder Seite die Mittelsenkrechte erstellen.
2. Schnittpunkt der Mittelsenkrechten ergibt den Umkreismittelpunkt M.
3. Kreis mit Radius r = [MC] um M ergibt den Umkreis durch A, B und C.

Dreiecke

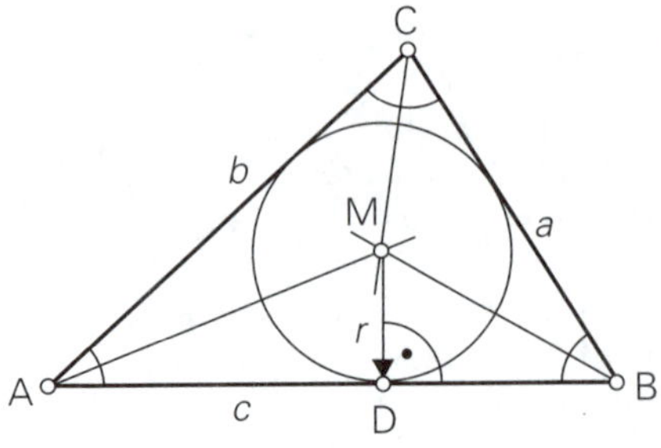

Inkreis zum Dreieck

Gegeben: Dreieck ABC

1. In jeder Ecke die Winkelhalbierende erstellen.
2. Schnittpunkt der Winkelhalbierenden ergibt den Inkreismittelpunkt M.
3. Lot von M auf eine Seite fällen ergibt D.
4. Kreis mit Radius r = [MD] um M ergibt den Inkreis.

Regelmäßige Vielecke konstruieren

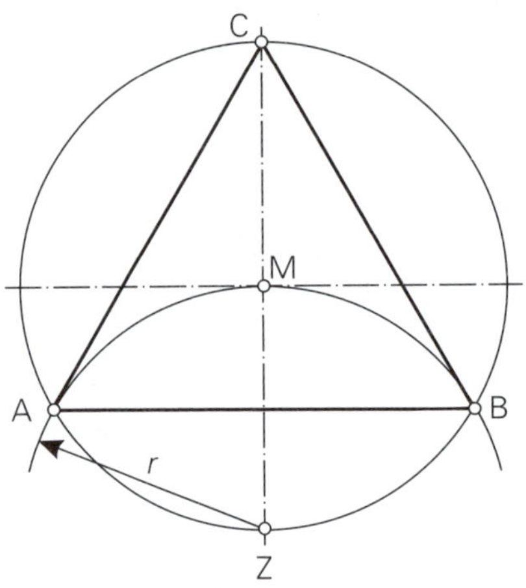

Gleichseitiges Dreieck

Gegeben: Kreis um M mit Achsenkreuz

1. Die Senkrechte Achse trifft den Kreis in Z und C.
2. Um Z Kreisbogen mit Radius r = [ZM] ergibt auf dem Kreis A und B.
3. Die Verbindung von A, B und C ergibt das gleichseitige Dreieck.

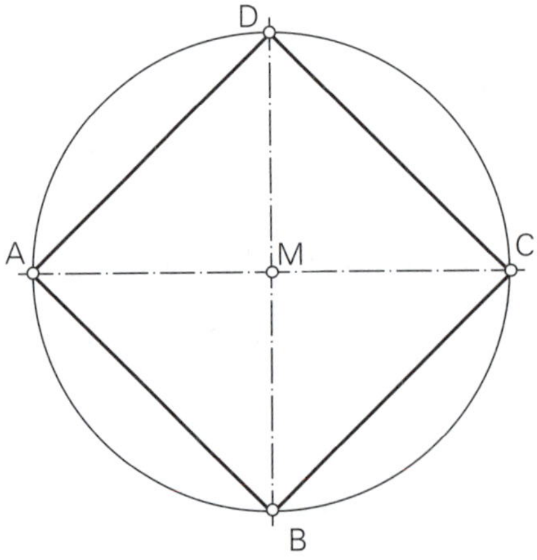

Regelmäßiges Viereck (Quadrat) auf der Spitze stehend

Gegeben: Kreis um M mit Achsenkreuz

1. Das Achsenkreuz trifft den Kreis in A, B, C und D.
2. Die Verbindung von A, B, C und D ergibt das Quadrat.

Regelmäßige Vielecke konstruieren

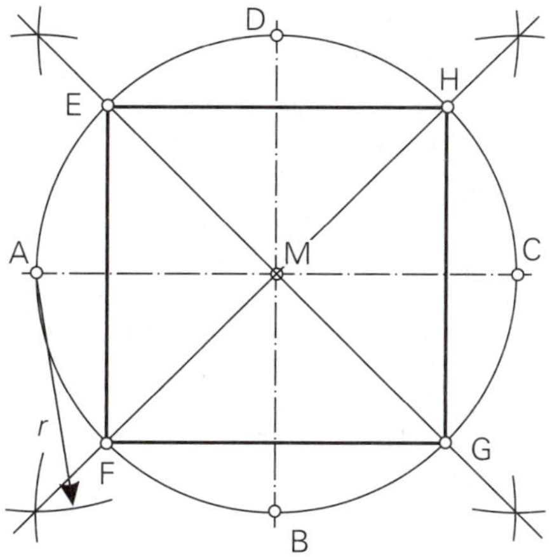

Regelmäßiges Viereck (Quadrat) liegend

Gegeben: Kreis um M mit Achsenkreuz

1. Das Achsenkreuz trifft den Kreis in A, B, C und D.
2. Jeweils die Winkelhalbierenden der beiden Achsen erstellen.
3. Die Winkelhalbierenden treffen den Kreis in E, F, G und H.
4. Die Verbindung von E, F, G und H ergibt das Quadrat.

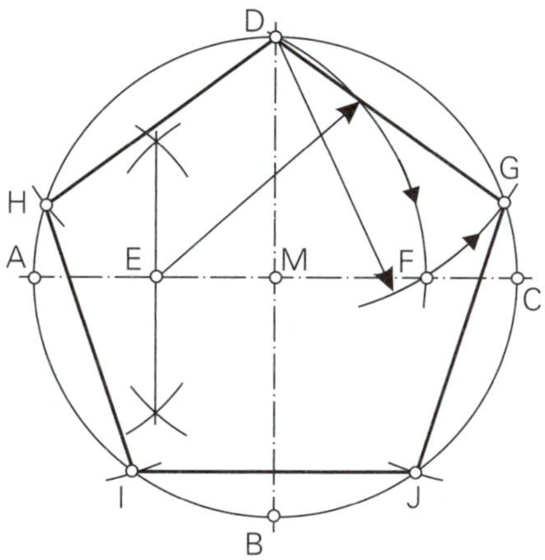

Regelmäßiges Fünfeck

Gegeben: Kreis um M mit Achsenkreuz

1. Das Achsenkreuz trifft den Kreis in A, B, C und D.
2. Strecke [AM] halbieren ergibt E.
3. Kreisbogen um E mit Radius r = [ED] ergibt F auf der Achse.
4. Kreisbogen um D mit Radius r = [DF] ergibt G auf dem Kreis.
5. Die Strecke [DG] ist die gesuchte Seite des Fünfecks, die auf dem Kreis mit dem Zirkel abzutragen ist.
5. D, H, I, J, G zum Fünfeck verbinden.

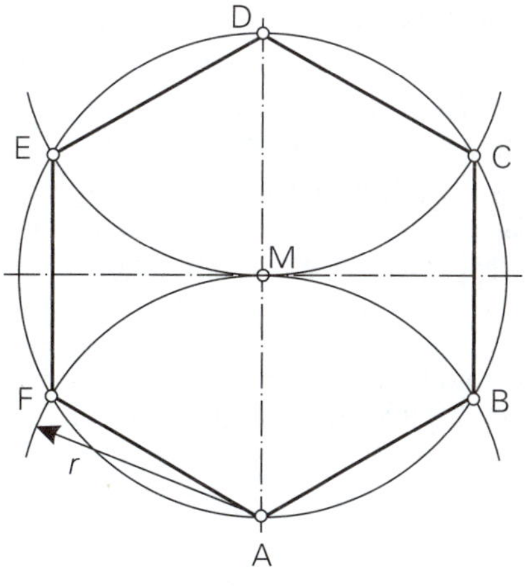

Regelmäßiges Sechseck

Gegeben: Kreis um M mit Achsenkreuz

1. Das Achsenkreuz trifft den Kreis in A und D.
2. Um A und um D Kreisbogen mit Radius r = [AM] ergibt auf dem Kreis E, F, B und C.
3. Die Verbindung von A, B, C, D, E und F ergibt das Sechseck.

Regelmäßige Vielecke konstruieren

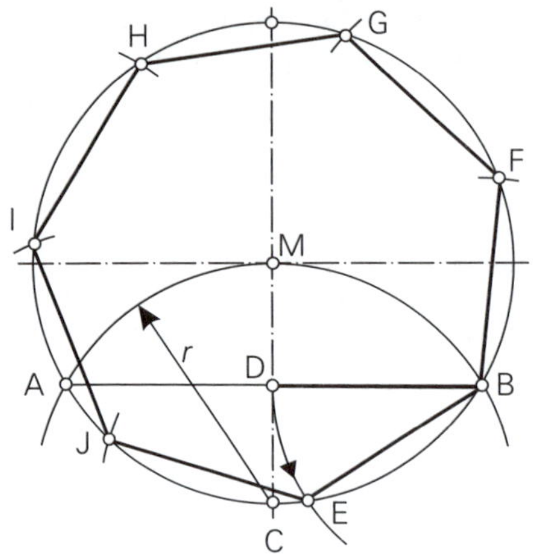

Regelmäßiges Siebeneck

Gegeben: Kreis um M mit Achsenkreuz

1. Das Achsenkreuz trifft den Kreis in C.
2. Um C Kreisbogen mit Radius r = [CM] ergibt auf dem Kreis A und B.
3. Die Strecke [AB] schneidet die Achse in D.
4. Kreisbogen um B mit Radius r = [BD] ergibt E auf dem Kreis.
5. Die Strecke [BE] ist die gesuchte Seite des Siebenecks, die auf dem Kreis mit dem Zirkel abzutragen ist.
6. Die Verbindung von B, E, J, I, H, G, und F ergibt das Siebeneck.

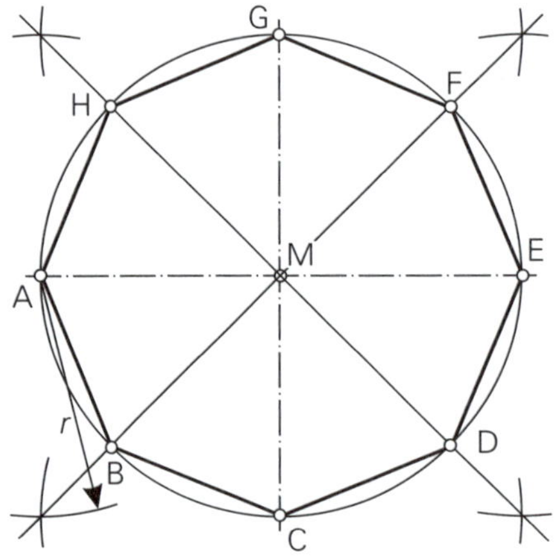

Regelmäßiges Achteck

Gegeben: Kreis um M mit Achsenkreuz

1. Das Achsenkreuz trifft den Kreis in A, C, E und G.
2. Jeweils die Winkelhalbierenden der beiden Achsen erstellen.
3. Die Winkelhalbierenden treffen den Kreis in B, D, F und H.
4. Die Verbindung der so entstandenen acht Punkte auf der Kreisbahn ergibt das Achteck.

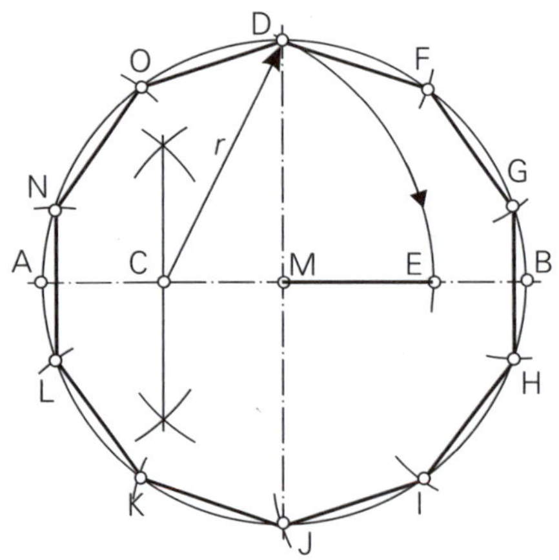

Regelmäßiges Zehneck

Gegeben: Kreis um M mit Achsenkreuz

1. Das Achsenkreuz trifft den Kreis in A und B.
2. Strecke [AM] halbieren ergibt C.
3. Kreisbogen um C mit Radius r = [CD] ergibt E auf der Achse.
4. Die Strecke [ME] ist die gesuchte Seite des Zehnecks, die auf dem Kreis mit dem Zirkel abzutragen ist.
5. Die Verbindung der so entstandenen zehn Punkte auf der Kreisbahn ergibt das Zehneck.

Regelmäßige Vielecke konstruieren

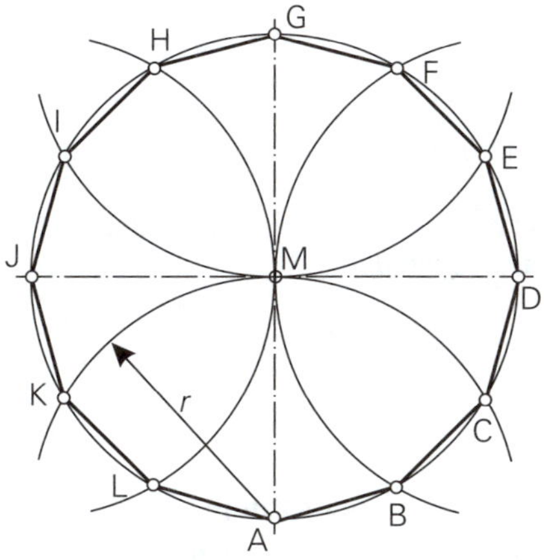

Regelmäßiges Zwölfeck

Gegeben: Kreis um M mit Achsenkreuz

1. Das Achsenkreuz trifft den Kreis in A, D, G und J.
2. Um diese vier Punkte jeweils Kreisbogen mit Radius r = [AM] ergeben auf dem Kreis die noch fehlenden Punkte.
3. Alle Punkte auf dem Kreis zum Zwölfeck verbinden.

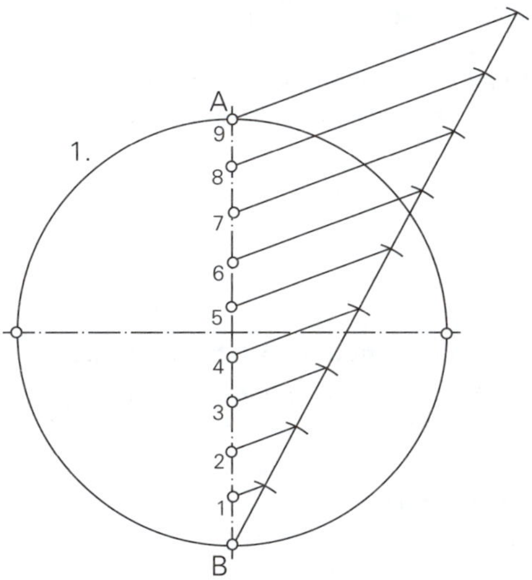

Allgemeine Vieleckkonstruktion

Gegeben: Kreis um M mit Achsenkreuz

1. Das Achsenkreuz trifft den Kreis in A und B.
2. Die Strecke [AB] in so viele Teile unterteilen, wie das Vieleck Ecken haben wird (hier neun Teile).
3. Um A und um B Kreisbogen mit Radius r = [AB] ergibt auf der Achse C und D.
4. Die von C und von D aus durch jeden zweiten Teilungspunkt gezogenen Hilfslinien ergeben jeweils auf der Kreisbahn die gesuchten Eckpunkte (hier: Neuneck)

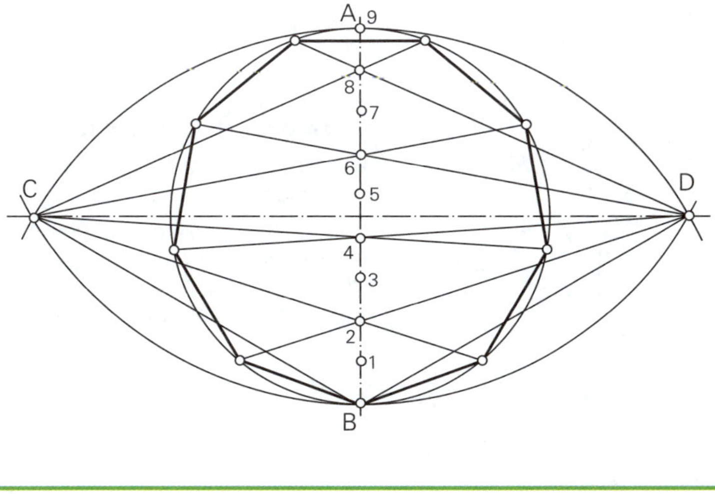

Kreise konstruieren

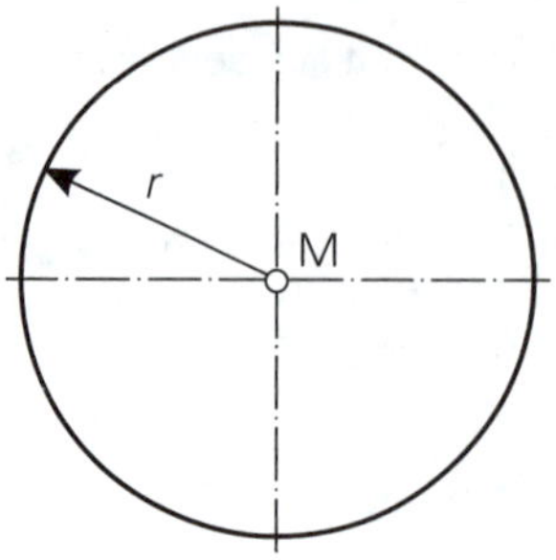

Kreis

Gegeben: Punkt M

1 Kreis um Mittelpunkt M mit Radius r erzeugt die Kreisbahn.
2. Als Hilfslinien dienen die senkrechte und die waagrechte Achse durch M.

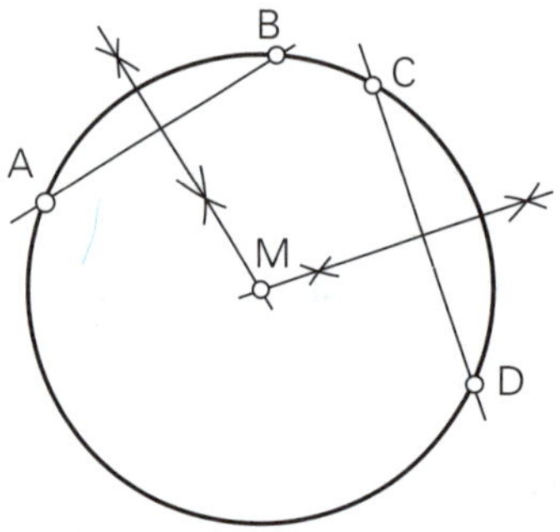

Mittelpunkt des Kreises bestimmen

Gegeben: Kreis um M mit Achsenkreuz

1. Zwei Geraden durch den Kreis ergeben die Strecken [AB] und [CD].
2. Die Mittelsenkrechten beider Strecken schneiden sich im Kreismittelpunkt M.

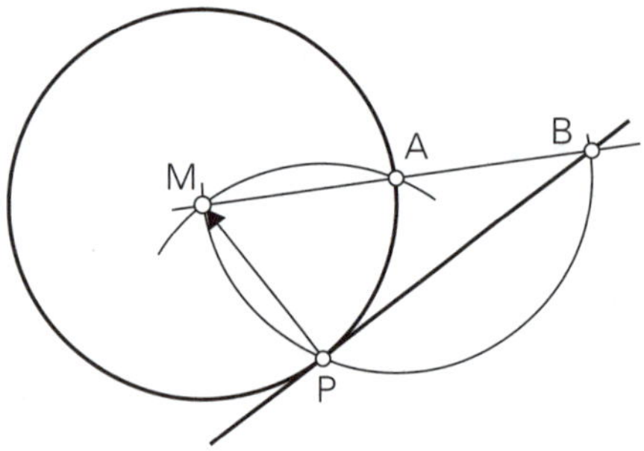

Tangente an Kreispunkt P (Satz des Thales)

Gegeben: Kreis um M und Punkt P auf dem Kreis

1. Kreisbogen um P mit Radius r = [PM] ergibt A auf dem Kreis.
2. Hilfsgerade von M durch A.
3. Kreisbogen um A mit Radius r = [PM] ergibt B auf der Hilfsgeraden.
4. Gerade durch P und B ist die Tangente.

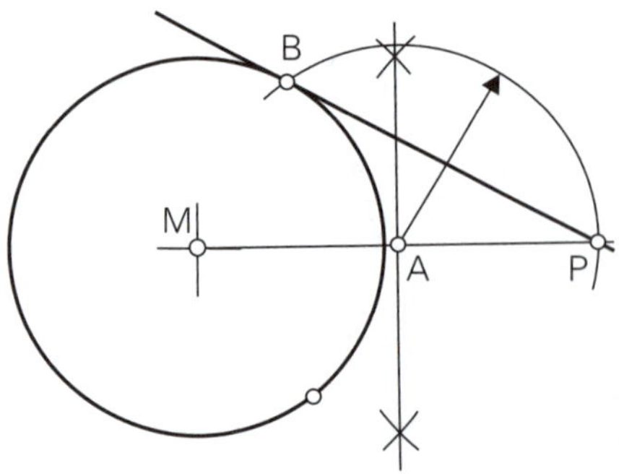

Tangente durch P an den Kreis

Gegeben: Kreis um M und Punkt P außerhalb des Kreises

1. Strecke [MP] halbieren ergibt A.
2. Kreisbogen um A mit Radius r = [MA] ergibt B auf dem Kreis.
3. Gerade durch P und B ist die Tangente.

Kreisanschlüsse

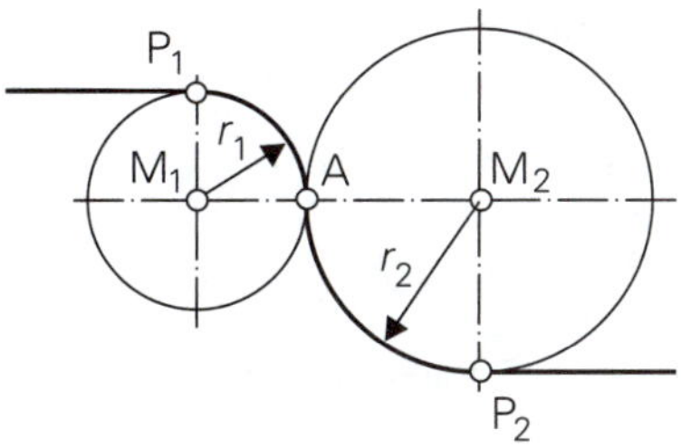

Zwei Kreise achsengleich verbunden (Karnies)

Gegeben: Zwei sich berührende Kreise auf einer gemeinsamen Mittelachse

1. Verbindungslinie von M_1 zu M_2 schneidet die Kreise im Übergangspunkt A.
2. P_1 und P_2 sind mögliche Übergangspunkte an Tangenten.

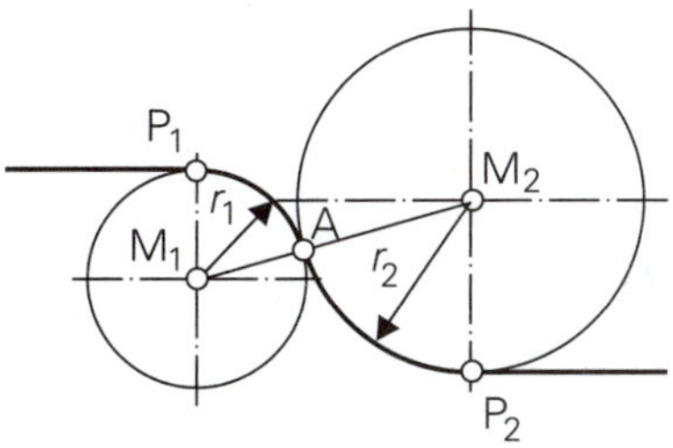

Zwei Kreise achsenversetzt verbunden (Karnies)

Gegeben: Zwei sich berührende Kreise auf versetzten Mittelachsen

1. Verbindungslinie von M_1 zu M_2 schneidet die Kreise im Übergangspunkt A.
2. P_1 und P_2 sind mögliche Übergangspunkte an Tangenten.

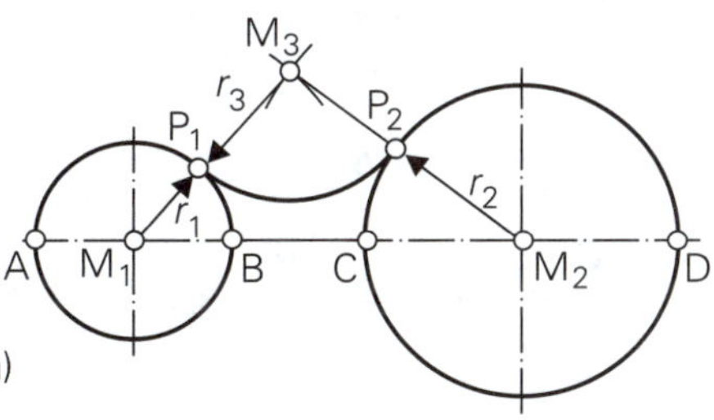

a)

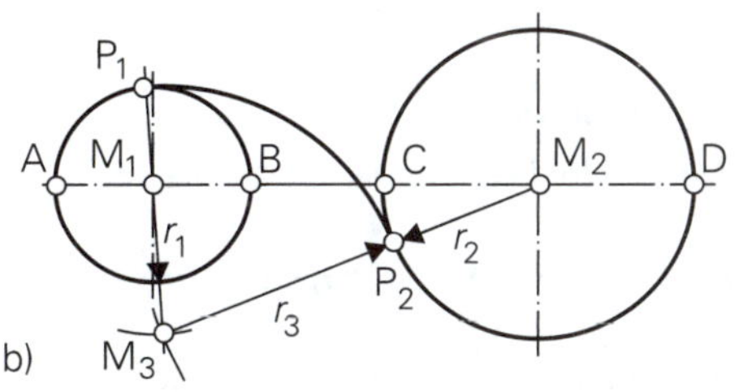

b)

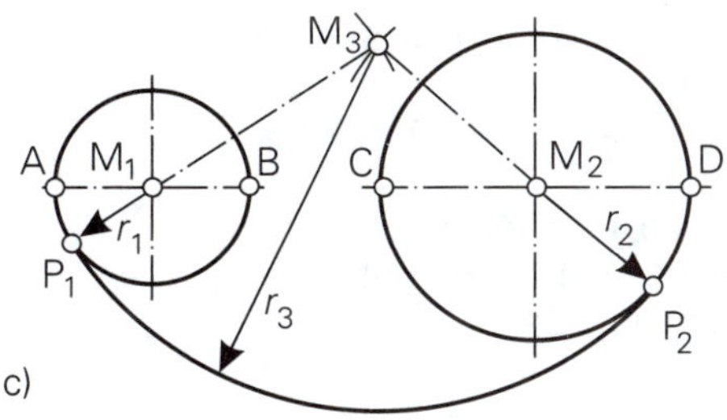

c)

Kreisanschluss an zwei Kreise

Gegeben: Zwei sich nicht berührende Kreise auf einer gemeinsamen Mittelachse

1. Kreisbogen um M_1 mit Radius R_1 trifft Kreisbogen um M_2 mit Radius R_2 im Schnittpunkt M_3.
2. Hilfsgeraden von M_3 durch M_1 und M_2 schneiden die Kreise in den Übergangspunkten P_1 und P_2.
3. Kreisbogen um M_3 mit Radius r_3 von P_1 nach P_2 ist der tangential anliegende Kreisbogen.

a) $r_3 \geq \frac{[BC]}{2}$:

$R_1 = r_1 + r_3$; $R_2 = r_2 + r_3$

b) $r_3 \geq \frac{[AC]}{2}$ oder $r_3 \geq \frac{[BD]}{2}$:

$R_1 = r_3 - r_1$; $R_2 = r_2 + r_3$

c) $r_3 \geq \frac{[AD]}{2}$:

$R_1 = r_3 - r_1$; $R_2 = r_3 - r_2$

Kreisanschlüsse

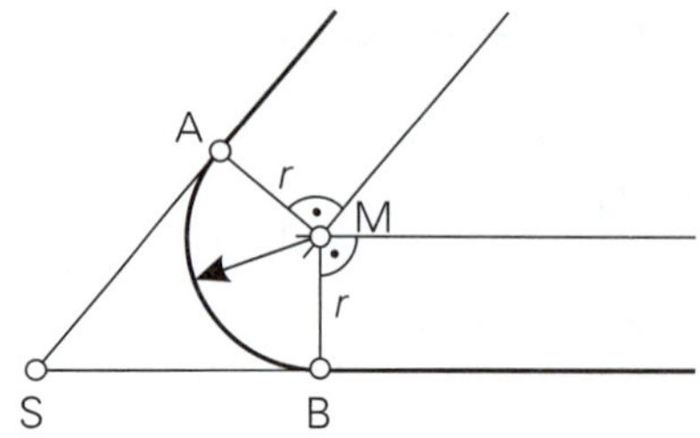

Kreisanschluss an Winkel

Gegeben: Winkel ASB und Radius *r*

1. Parallelen im Abstand *r* zu den Schenkeln schneiden sich in M.
2. Senkrechte von M auf die Schenkel ergeben die Übergangspunkte A und B.
3. Kreisbogen um M mit Radius *r* verbindet A und B.

Ellipse

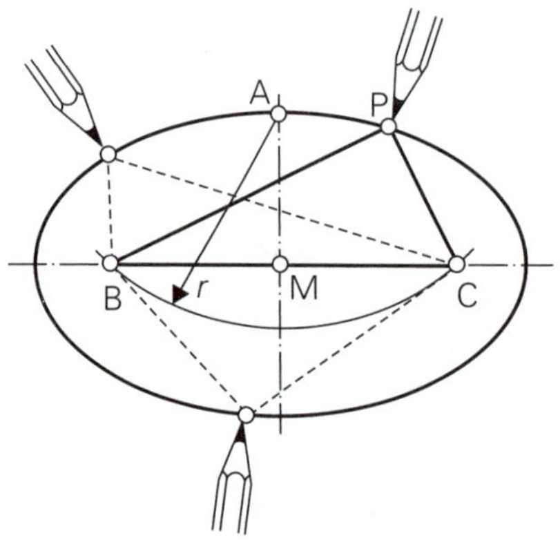

Gärtnerkonstruktion

Gegeben: Mittelpunkt M; Länge und Breite der Ellipse

1. Achsenkreuz mit Länge und Breite der Ellipse zeichnen.
2. Kreisbogen um A mit Radius *r* = halber Länge erzeugt die beiden Brennpunkte B und C auf der Achse.
3. Eine Schnur über die Punkte A, B und C spannen.
4. Durch Führen eines Stiftes an der Innenseite der Schnur entlang kann die Ellipse gezeichnet werden.

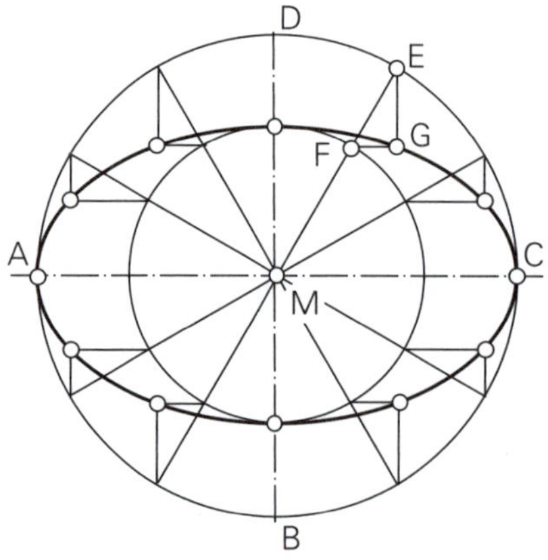

Kreisflächenprojektion

Gegeben: Mittelpunkt M; Länge und Breite der Ellipse

1. Kreis 1 mit Durchmesser = Ellipsenlänge um M zeichnen.
2. Kreis 2 mit Durchmesser = Ellipsenbreite um M zeichnen.
3. Hilfslinien durch M schneiden beide Kreise in E und F.
4. Parallelen zu den beiden Achsen durch E und F ergeben G.
5. Schritt 3 und 4 mehrfach wiederholen und die entstandenen Punkte mit Kurvenlinealen zur Ellipse verbinden.

Ei

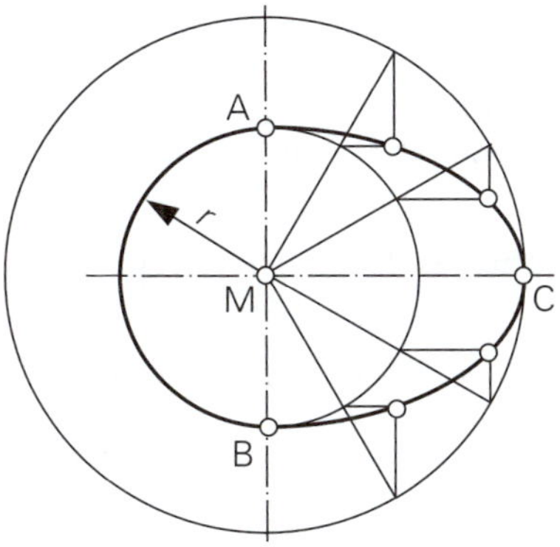

Diese Ei-Konstruktion besteht aus einem Halbkreis und einer halben Ellipse, die den gleichen Mittelpunkt M haben.

1. Kreisbogen um M mit Radius *r*
2. Kreisbogen um M mit Radius r verbindet die Übergangspunkte A und B.
3. Konstruktion der Ellipse über Kreisflächenprojektion:
   Kreis 1 mit *r* = [MA]; Kreis 2 mit *r* = [MC].

Oval aus drei Kreisen

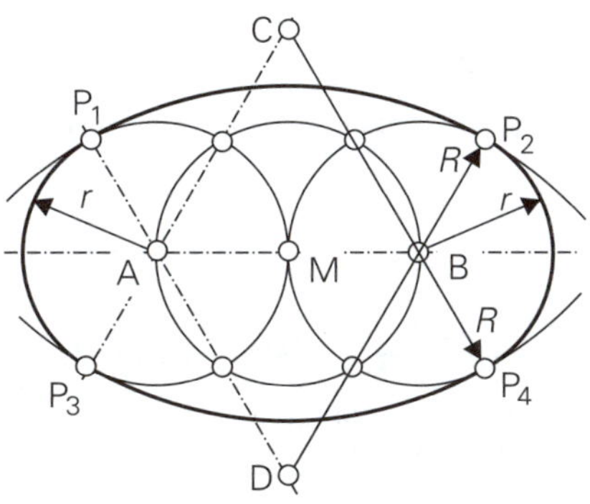

Gegeben: Kreis um M mit Radius *r*

1. Horizontale Kreisachse schneidet den Kreis in A und B.
2. Kreis um A mit Radius *r* und Kreis um B mit Radius *r*.
3. Schnittpunkte der Kreise mit Hilfslinien durch A und B ergeben C und D. und die Übergangspunkte P_1 bis P_4.
4. Verbindungsbogen um C mit $R = [CP_4]$ und Verbindungsbogen um D mit $R = [CP_2]$.
5. Verbindungsbogen um A mit Radius *r* und Verbindungsbogen um B mit Radius *r*.

Spirale

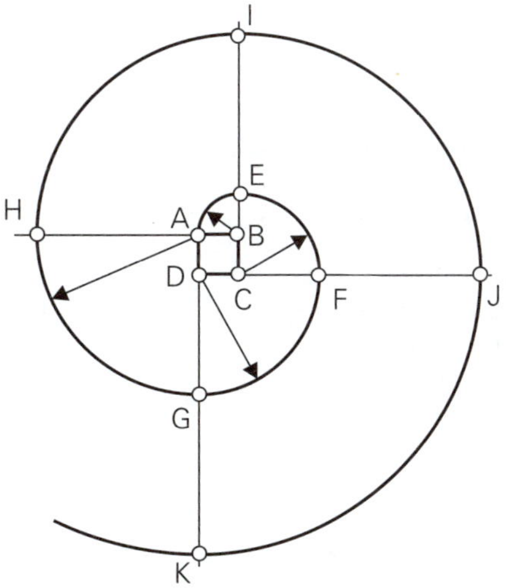

1. Quadrat ABCD zeichnen.
2. Die Quadratseiten verlängern.
3. Viertelkreisbogen um B mit Radius [BA] trifft die Seitenverlängerung in E.
4. Viertelkreisbogen um C mit Radius [CE] trifft die Seitenverlängerung in F.
5. Viertelkreisbogen um D mit Radius [DF] trifft die Seitenverlängerung in G.
6. Viertelkreisbogen um E mit Radius [AG] trifft die Seitenverlängerung in H.

Der Endpunkt des ersten Viertelkreises ist immer der Anfangspunkt des nächsten Viertelkreises.

Diagramme

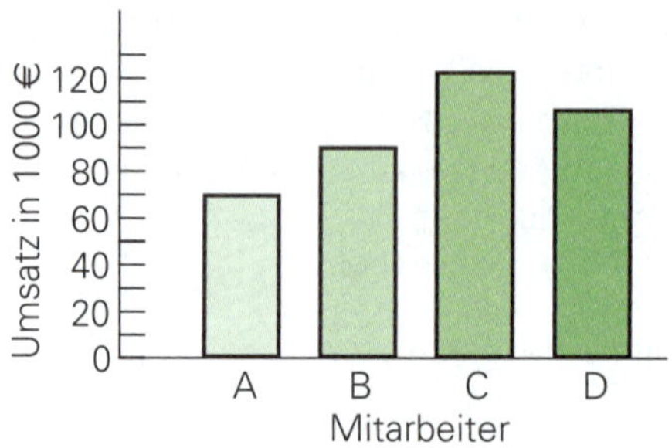

Säulendiagramm

In Säulendiagrammen werden die darzustellenden Werte als senkrechte, jeweils gleich breite Balken angezeigt.

Die Balkenhöhe eines Wertes entspricht dem Wert der Höhenskala.

Der Maßstab der Höhenskala orientiert sich am höchsten Einzelwert.

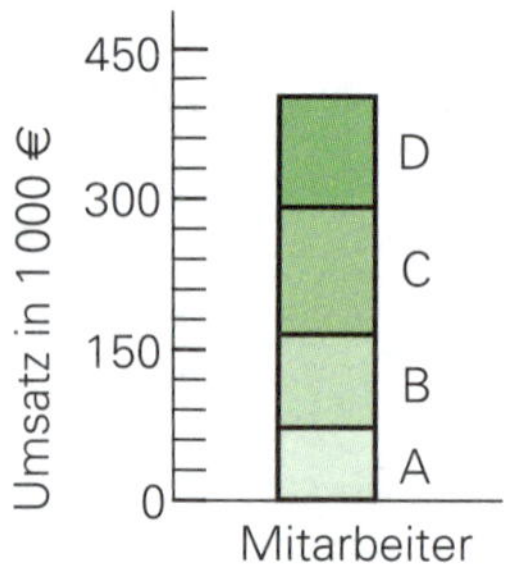

Säulendiagramm gestapelt

In Stapeldiagrammen werden die Einzelwerte der Säulendiagramme „gestapelt", also addiert zum Stapelwert.

$W_{ST} = W_A + W_B + W_C + W_D + \ldots W_n$

Der Maßstab der Höhenskala orientiert sich am Stapelwert.

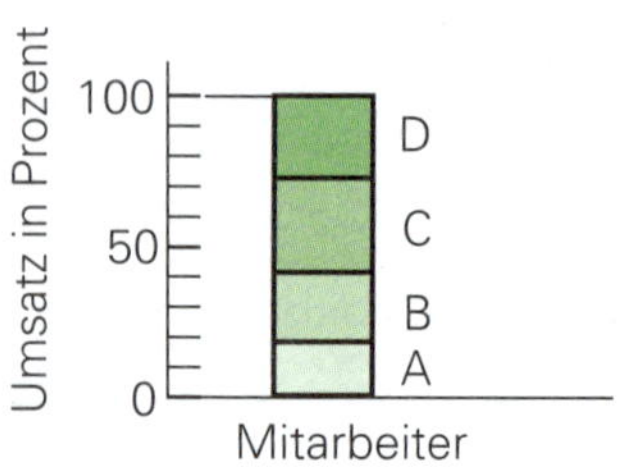

Säulendiagramm auf 100% gestapelt

Hier wird der Stapelwert eines gestapelten Säulendiagramms auf 100% bezogen.

Berechnung der Einzelwerte: $PS_n = \frac{W_n \cdot 100}{W_{ST}}$

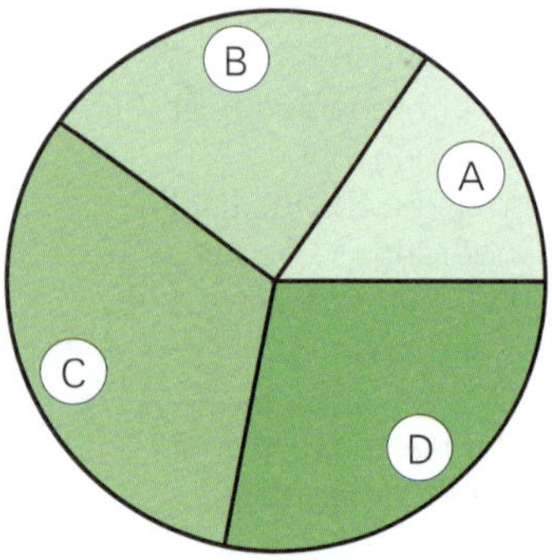

Umsatz in Prozent je Mitarbeiter

Kreisdiagramm

Ein Kreisdiagramm ist ein gestapeltes Säulendiagramm in Kreisform. Die 360° des Kreises entsprechen dem Stapelwert bzw. 100%.

Der zu einem abzutragenden Prozentanteil x gehörende Mittelpunktswinkel beträgt: $\alpha = \frac{360° \cdot PS_n}{100}$

Der zu einem abzutragenden Wert x gehörende Mittelpunktswinkel beträgt: $\alpha = \frac{360° \cdot W_n}{W_{ST}}$

Werkstoffabhängige Berechnungen

Masse und Dichte

$m = V \cdot \varrho$

$\varrho = \frac{m}{V}$

$V = \frac{m}{\varrho}$

m Masse [kg; g]
V Volumen [m^3; dm^3; cm^3]

ϱ Dichte [$\frac{g}{cm^3}$; $\frac{kg}{dm^3}$; $\frac{kg}{m^3}$]

Umrechnungen von Masse-Einheiten

⇦ 3 Stellen oder : 1000 ⇦

⇨ 3 Stellen oder · 1000 ⇨

	kg	**g**
kg	1	1000
g	0,001	1

Bei Masse-Einheiten ist die Umrechnungszahl 1000.

Das Komma rückt von Einheit zu Einheit um 3 Stellen.

Umrechnungen von Dichte-Einheiten

⇦ 3 Stellen oder : 1000 ⇦

⇨ 3 Stellen oder · 1000 ⇨

	$\frac{g}{cm^3} = \frac{kg}{dm^3}$	$\frac{kg}{m^3}$
$\frac{g}{cm^3} = \frac{kg}{dm^3}$	1	1000
$\frac{kg}{m^3}$	0,001	1

Bei Dichte-Einheiten ist die Umrechnungszahl 1000.

Das Komma rückt von Einheit zu Einheit um 3 Stellen.

Gewichtskraft

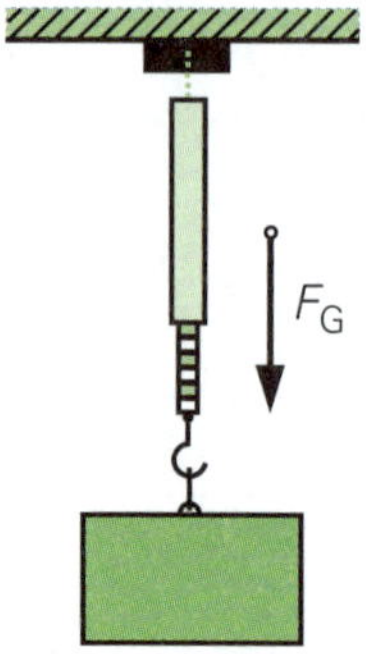

$F_G = m \cdot g \qquad m = \frac{F_G}{g} \qquad g = \frac{F_G}{m}$

Die mittlere Fallbeschleunigung beträgt:

$g \approx 9,81 \frac{m}{s^2} \approx 10 \frac{m}{s^2}$

Die Gewichtskraft einer Masse von 1kg beträgt:

$F_G = m \cdot g \quad \Rightarrow \quad 1\,kg \cdot 10 \frac{m}{s^2} = 10\,kg \frac{m}{s^2} = 10\,N$

F_G	Gewichtskraft [$kg \frac{m}{s^2}$]	g	Fallbeschleunigung [$\frac{m}{s^2}$]
m	Masse [kg]		

Verschnitt

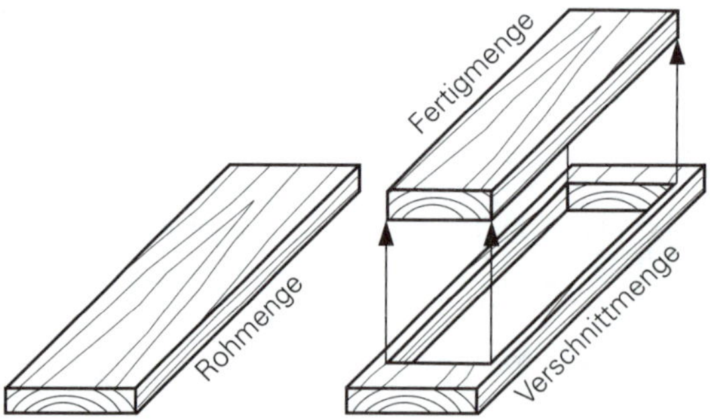

$RM - VM = FM$

$RM - FM = VM$

$FM + VM = RM$

$\frac{VM \cdot 100\%}{RM} = VA \qquad \frac{VM \cdot 100\%}{FM} = VZ$

$RM = FM \cdot F$

FM	Fertigmenge [m^2;m^3]	VA	Verschnittabschlag [%]
RM	Rohmenge [m^2;m^3]	VZ	Verschnittzuschlag [%]
VM	Verschnittmenge [m^2;m^3]	F	Zuschlagfaktor

Brutto, Netto, Tara

Bruttogewicht = Gesamtgewicht:
Brutto = Netto + Tara

Netto = Inhaltsgewicht:
Netto = Brutto – Tara

Tara = Verpackungsgewicht
Tara = Brutto – Netto

Berechnung bei Textilien

Garn- und Feinheitsberechnungen

Gewichtsnummerierungen

Allgemein:

$$\text{Gewichtsnummer} = \frac{\text{Garngewicht [g]}}{\text{Garnlänge [m]}}$$

Tex-System:

$$Tt \text{ [tex]} = \frac{\text{Garngewicht [g]}}{\text{Länge 1000 m}}$$

Denier-System:

$$Td \text{ [den]} = \frac{\text{Garngewicht [g]}}{\text{Länge 9000 m}}$$

Längennummerierungen

Allgemein:

$$\text{Längennummer} = \frac{\text{Garnlänge [m]}}{\text{Garngewicht [g]}}$$

Metrisches Nummerierungssystem:

$$Nm \text{ [m]} = \frac{\text{Länge [m]}}{\text{Garngewicht 1 g}}$$

Umrechnungsformeln

$$Tt = \frac{Td \cdot 1000}{9000} = \frac{1000}{Nm}$$

$$Td = Tt \cdot 9 = \frac{1000}{Nm}$$

$$Nm = \frac{1000}{Tt} = \frac{9000}{Td}$$

Zwirnbezeichnung

20tex z600 x 2 S400 (abgekürzt 20tex x2)
20tex = es wird das tex-System verwendet; die Nummer beträgt 20 (20 g/1000 m)
z600 = das Einfachgarn ist mit 600 Drehungen pro m in Z-Richtung gesponnen
x2 = es handelt sich um einen 2-fach Zwirn
S400 = der Zwirn wurde mit 400 Drehungen pro m in S-Richtung gezwirnt

Nm100/2 z1000 / S800 (abgekürzt Nm100/2)
Nm = metrisches Nummerierungssystem
100 = Garnnummer des Einfachgarnes (100 m/1 g)
/2 = es ist ein 2-fach Zwirn (aus zwei Komponenten)
z1000 = das Einfachgarn ist mit 1000 Drehungen pro m in Z-Richtung gedreht
S800 = der Zwirn wurde mit 800 Drehungen pro m in S-Richtung gezwirnt

Berechnung bei textilen Flächen

Stofflänge

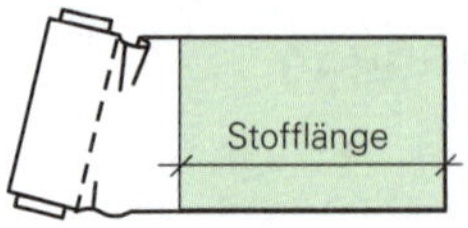

$$\text{Stofflänge} = \frac{\text{Gesamtgewicht}}{\text{Gewicht je } m^2 \cdot \text{Warenbreite}}$$

Stoffbreite

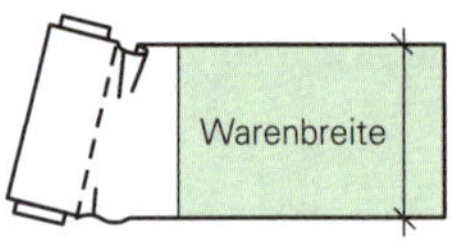

$$\text{Warenbreite} = \frac{\text{Gesamtgewicht}}{\text{Gewicht je } m^2 \cdot \text{Stofflänge}}$$

Stoffgewicht je lfd. m

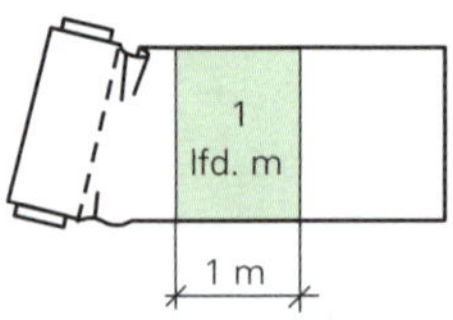

$$\text{Gewicht je lfd. m} = \text{Gewicht je m} \cdot \text{Warenbreite}$$

$$\text{Gewicht je lfd. m} = \frac{\text{Gesamtgewicht}}{\text{Stofflänge}}$$

Stoffgewicht je m²

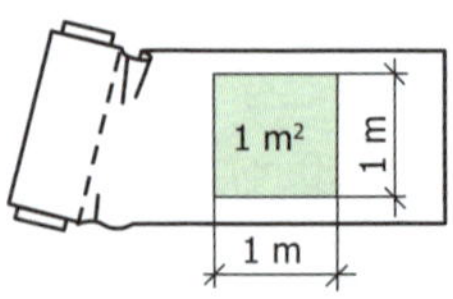

$$\text{Gewicht je } m^2 = \frac{\text{Gesamtgewicht}}{\text{Stofflänge} \cdot \text{Warenbreite}}$$

$$\text{Gewicht je } m^2 = \frac{\text{Gewicht je lfd. m}}{\text{Warenbreite}}$$

Stoffgesamtgewicht

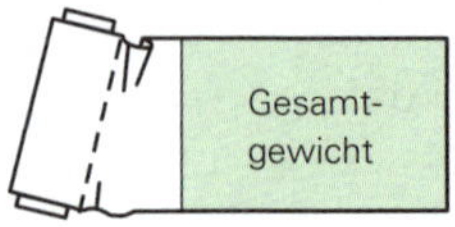

$$\text{Gesamtgewicht} = \text{Gewicht je } m^2 \cdot \text{Stofflänge} \cdot \text{Warenbreite}$$

$$\text{Gesamtgewicht} = \text{Gewicht je lfd. m} \cdot \text{Stofflänge}$$

Stofflänge [m]
Warenbreite [m]
Gewicht [g]

Gewicht je lfd. m [g/m]
Gewicht je m^2 [g/m^2]
Gesamtgewicht [g; kg]

Berechnung bei Polsterarbeiten

Funktionsmaße von Polstermöbeln

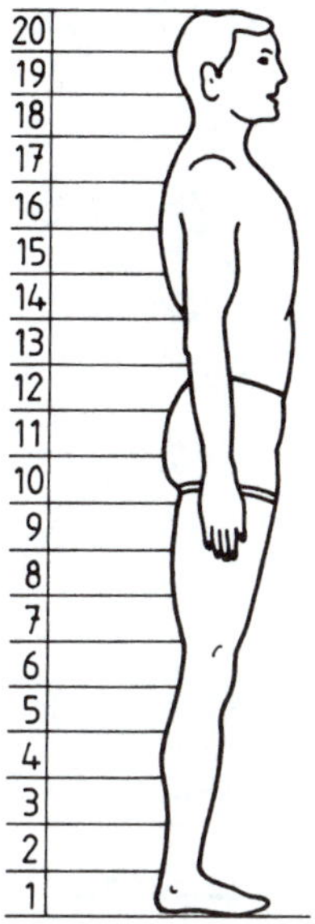

Körperhöhe : 20 = 1 Teil

Sitzhöhe = 5 Teile
Sitztiefe = 6 Teile
Sitzbreite = 6 Teile + 2 bis 4 cm für Kleidung

Berechnung der Rückenhöhe ab Oberkante Sitzhöhe, wobei 5 bis 8 cm abgezogen werden je nach Nachgiebigkeit des Sitzpolsters:

Rückenlehnhöhe bis Schulter = 5 Teile – Abzug
Rückenlehnhöhe bis Nacken = 7 Teile – Abzug
Rückenlehnhöhe bis Kopf = 9 Teile – Abzug
(Ohrenbackensessel)

Bei der Berechnung der Armlehnhöhe werden 5 bis 8 cm abgezogen je nach Nachgiebigkeit des Sitzpolsters:

Armlehnhöhe = 7,5 Teile – Abzug

Gurtbedarf

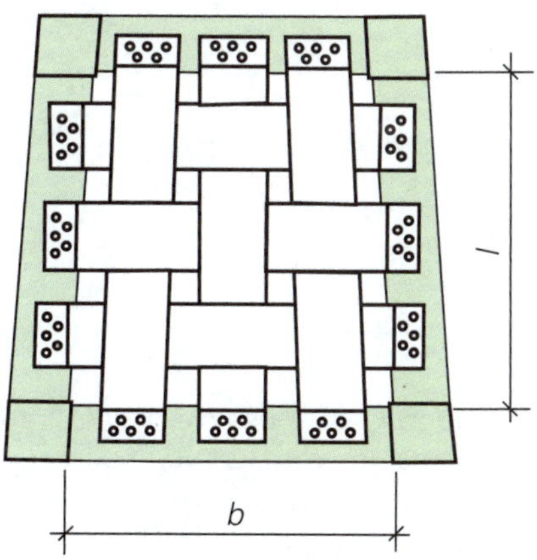

Unelastische Gurte

$n \cdot$ Längsgurte $\cdot$ $(l + 5\text{ cm})$
$+\ n \cdot$ Quergurte $\cdot$ $(b + 5\text{ cm})$
= Gurtbedarf

Bei der Berechnung der Gurtlänge werden 5 cm für die Umschläge zugegeben.

Elastische Gurte

$$\frac{\text{gespannte Gurtlänge} \cdot 100\%}{100\% + \%\text{Dehnung}} = \text{Gurtbedarf}$$

l	Lichte Länge [cm]	*n*	Anzahl der Gurte
b	Lichte Breite [cm]		

Gurteinteilung bei gleichmäßigen Gurtabständen

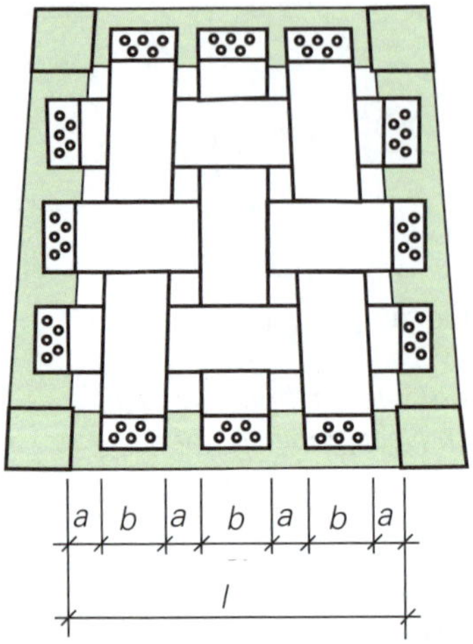

$$\frac{l}{b} = n \quad \text{(abrunden)}$$

$$\frac{l - (n \cdot b)}{n + 1} = a$$

Ist der Gurtabstand zu klein, muss die Anzahl der Gurte schrittweise um je 1 Gurt verringert werden.

l	Lichte Länge [cm]	a	Abstand der Gurte [cm]
b	Gurtbreite [cm]	n	Anzahl der Gurte

Gurteinteilung bei gleichmäßigen Gurtabständen und halben Randabständen

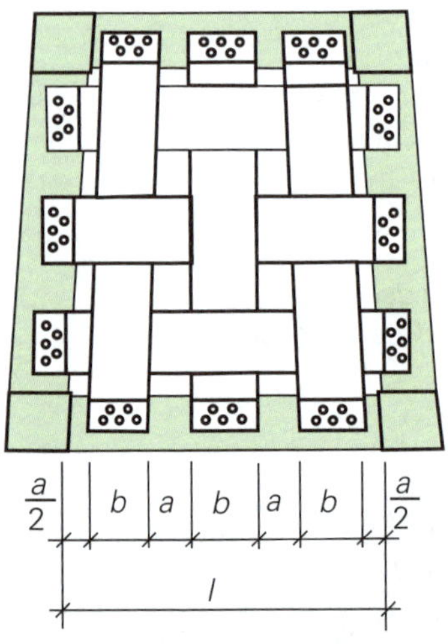

$$\frac{l}{b} = n \quad \text{(abrunden)}$$

$$\frac{l - (n \cdot b)}{n} = a$$

$$\frac{a}{2} = a_R$$

Ist der Gurtabstand zu klein, muss die Anzahl der Gurte schrittweise um je 1 Gurt verringert werden.

l	Lichte Länge [cm]	a	Abstand der Gurte [cm]
b	Gurtbreite [cm]	a_R	Randabstand [cm]
n	Anzahl der Gurte		

Schnürhöhe der Taillenfeder

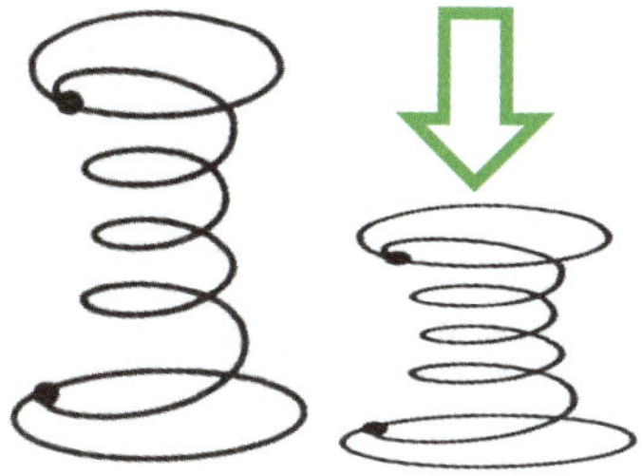

Federhöhe – Verringerung = Schnürhöhe

$$\frac{\text{Federhöhe} \cdot (100 - \text{Verringerung}\,\%)}{100} = \text{Schnürhöhe}$$

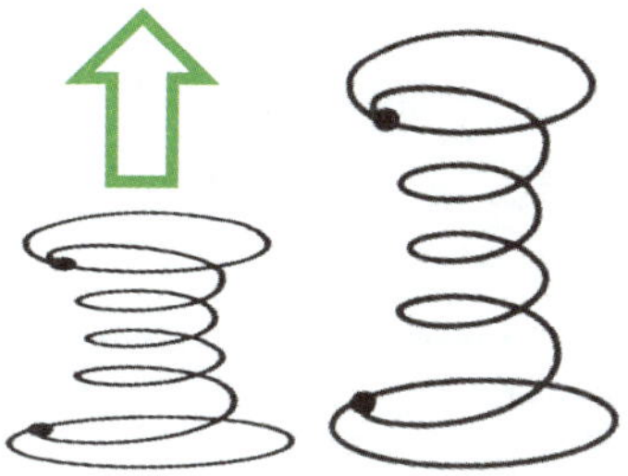

Schnürhöhe + Verringerung = Federhöhe

$$\frac{\text{Schnürhöhe} \cdot (100 + \text{Verringerung}\,\%)}{100} = \text{Federhöhe}$$

Taillenfedern (Auswahl)

Handelsbezeichnung	Gangzahl	Ø Draht 1/10 mm	Höhe cm	Ø Kopf cm	Ø Taille cm	Verwendung
9/40	9	40	34	13,00	6,55	**Sitzfeder**
9/38	9	38	34	13,00	6,25	
8/40	8	40	30	12,50	6,25	
8/38	8	38	30	12,50	6,25	
8/36	8	36	30	12,50	6,25	
8/34	8	34	18	8,50	4,50	
7/38	7	38	28	12,50	6,50	
7/36	7	36	28	12,50	6,50	
7/34	7	34	17	8,75	4,75	
6/36	6	36	23	12,00	6,50	
6/34	6	34	23	12,00	6,50	
5/34	5	34	19	11,50	7,00	
7/28	7	28	21	10,00	5,50	**Lehnfeder**
7/25	7	25	21	11,50	5,30	
6/28	6	28	18	10,00	5,50	
6/25	6	25	18	11,50	5,30	
5/25	5	25	15	9,00	5,30	
5/22	5	22	15	9,00	5,00	
4/22	4	22	12	9,00	5,00	

Raumgewicht

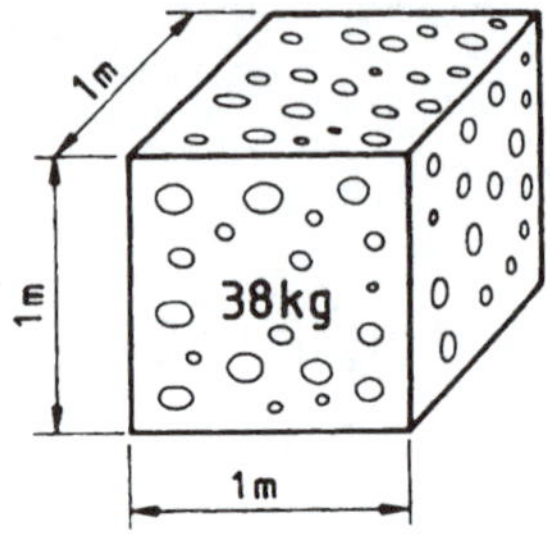

= RG 38

$$\frac{m}{V} = RG$$

$$V \cdot RG = m$$

$$\frac{m}{RG} = V$$

V	Volumen [dm³; m³]	RG	Raumgewicht [$\frac{kg}{m^3}$; $\frac{kg}{dm^3}$]
m	Masse [kg]		

Umrechnungen von Raumgewicht-Einheiten

⇦ 3 Stellen oder : 1000 ⇦

⇨ 3 Stellen oder · 1000 ⇨

$\frac{kg}{m^3}$	$\frac{kg}{dm^3}$

Bei Raumgewicht-Einheiten ist die Umrechnungszahl 1000.

Das Komma rückt von Einheit zu Einheit um 3 Stellen.

Schaumstoffzuschnitt

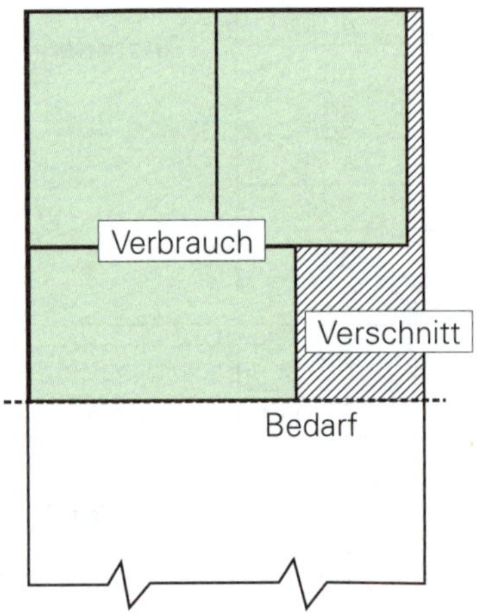

Benötigte Plattenlänge · Plattenbreite = Bedarf

$$\begin{aligned} & \text{Fläche}_1 \cdot \text{Anzahl}_1 = \text{Verbrauch}_1 \\ + & \text{Fläche}_2 \cdot \text{Anzahl}_2 = \text{Verbrauch}_2 \\ + & \text{Fläche}_3 \cdot \text{Anzahl}_3 = \text{Verbrauch}_3 \\ + & \ldots \\ \hline & = \text{Verbrauch} \end{aligned}$$

Bedarf – Verbrauch = Verschnitt in m²

$$\frac{\text{Verschnitt [m}^2\text{]} \cdot 100\%}{\text{Bedarf}} = \text{Verschnitt [\%]}$$

Stoffgröße und Nahtzugabe

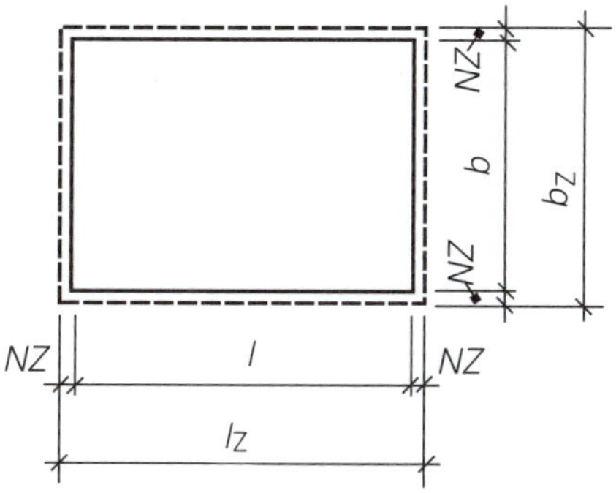

$$l + 2 \cdot NZ = l_Z$$

$$b + 2 \cdot NZ = b_Z$$

l	Stofflänge [cm; m]
b	Stoffbreite [cm; m]
NZ	Nahtzugabe [cm; m]
l_Z	Zuschnittlänge [cm; m]
b_Z	Zuschnittbreite [cm; m]

Bezugsstoffzuschnitt

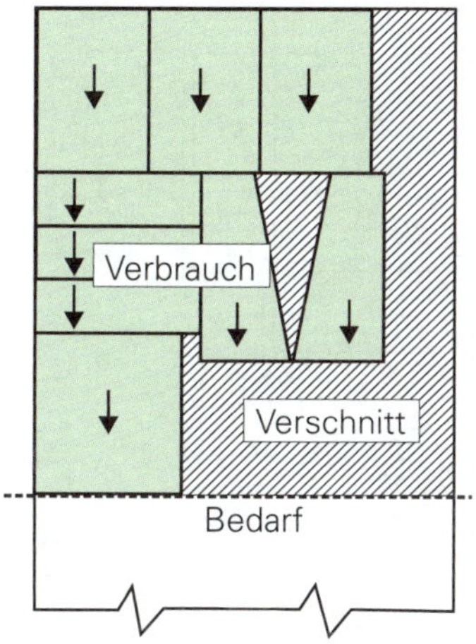

Benötigte Stofflänge · Stoffbreite = Bedarf

$$\begin{aligned} &\text{Fläche}_1 \cdot \text{Anzahl}_1 = \text{Verbrauch}_1 \\ + &\text{Fläche}_2 \cdot \text{Anzahl}_2 = \text{Verbrauch}_2 \\ + &\text{Fläche}_3 \cdot \text{Anzahl}_3 = \text{Verbrauch}_3 \\ + &\ldots \\ \hline &= \text{Verbrauch} \end{aligned}$$

Bedarf – Verbrauch = Verschnitt in m²

$$\frac{\text{Verschnitt } [\text{m}^2] \cdot 100\%}{\text{Bedarf}} = \text{Verschnitt } [\%]$$

Lederzuschnitt

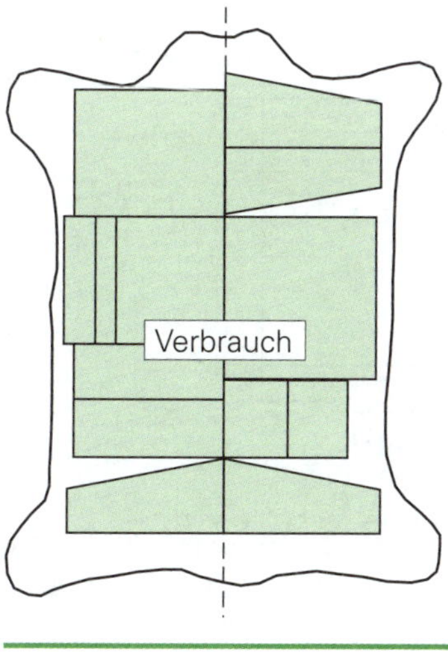

$$\begin{aligned} &\text{Fläche}_1 \cdot \text{Anzahl}_1 = \text{Verbrauch}_1 \\ + &\text{Fläche}_2 \cdot \text{Anzahl}_2 = \text{Verbrauch}_2 \\ + &\text{Fläche}_3 \cdot \text{Anzahl}_3 = \text{Verbrauch}_3 \\ + &\ldots \\ \hline &= \text{Verbrauch} \end{aligned}$$

Ledergröße – Verbrauch = Verschnitt in m²

$$\frac{\text{Verschnitt } [\text{m}^2] \cdot 100\%}{\text{Ledergröße}} = \text{Verschnitt } [\%]$$

Gerades Polster

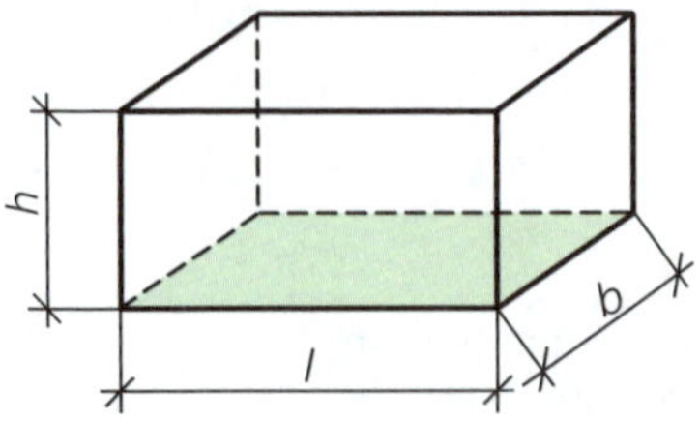

Einzelzuschnitt:
Oberteil: $A = 2 \cdot l_z \cdot b_z$
Vorderteil: $A = 2 \cdot l_z \cdot h_z$
Seitenteil: $A = 2 \cdot b_z \cdot h_z$

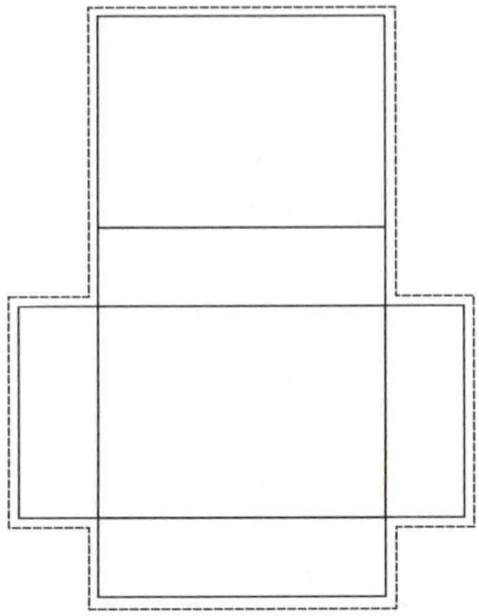

Kreuzzuschnitt:
$A = (b_z + h + b + h) \cdot l_z + 2 \cdot b_z \cdot h$

Mantelzuschnitt:
Mantel: $A = (b_z + h + b + h) \cdot l_z$
Seitenteil: $A = 2 \cdot b_z \cdot h_z$

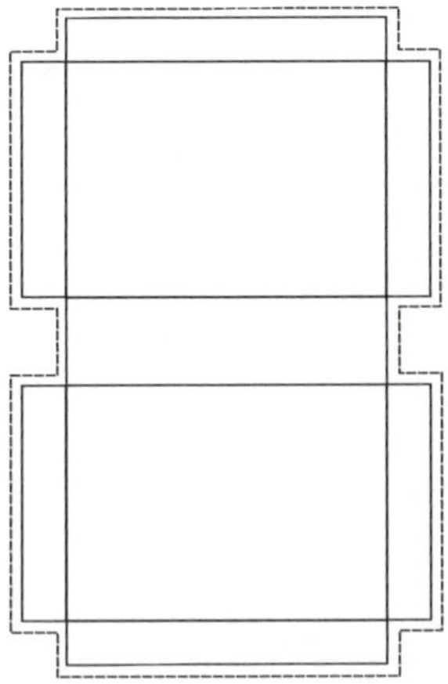

Matratzenzuschnitt:

$$A = \left(\frac{b_z}{2} + h + b + h + \frac{b_z}{2}\right) \cdot l_z + 4 \cdot b_z \cdot \frac{h}{2}$$

Sitzkeil (Dreikantprisma)

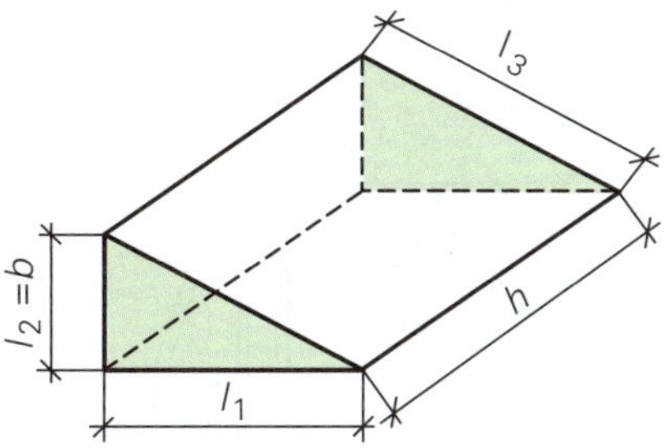

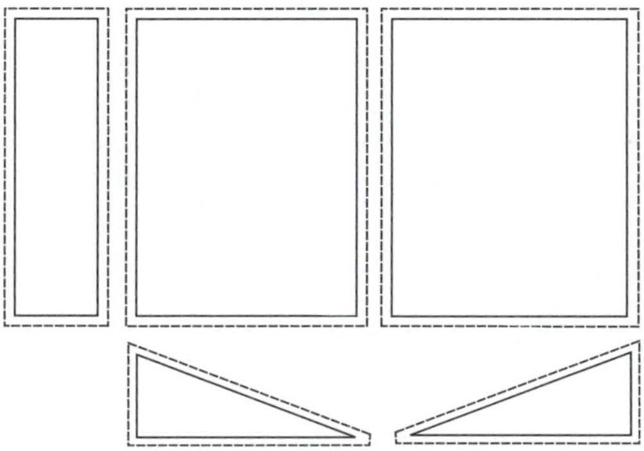

Einzelzuschnitt:

Oberteil: $A = l_{3Z} \cdot h_Z$

Rückenteil: $A = l_{2Z} \cdot h_Z$

Unterteil: $A = l_{1Z} \cdot h_Z$

Seitenteil: $A = 2 \cdot \frac{l_{1Z} \cdot b_Z}{2}$

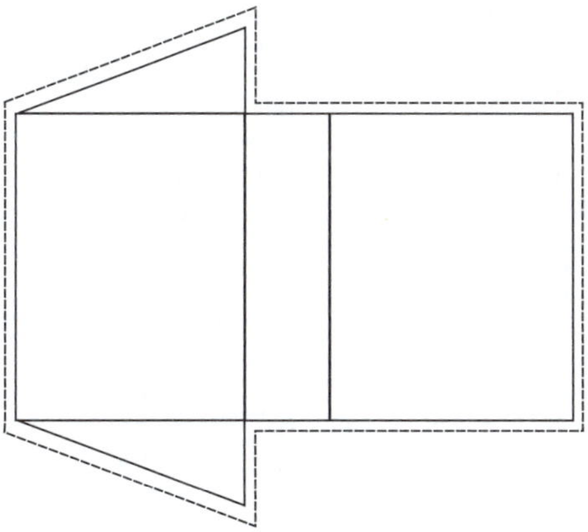

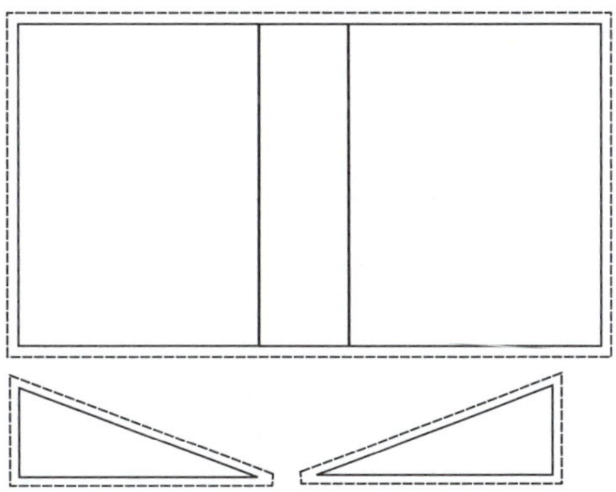

Kreuzzuschnitt:

$$A = \left(l_{1Z} + l_2 + l_3\right) \cdot h_Z + 2 \cdot \frac{l_{1Z} \cdot b_Z}{2}$$

Mantelzuschnitt:

Mantel: $A = (l_{1Z} + l_2 + l_3) \cdot h$

Seitenteil: $A = 2 \cdot \frac{l_{1Z} \cdot b_Z}{2}$

Rückenpolster (Trapezprisma)

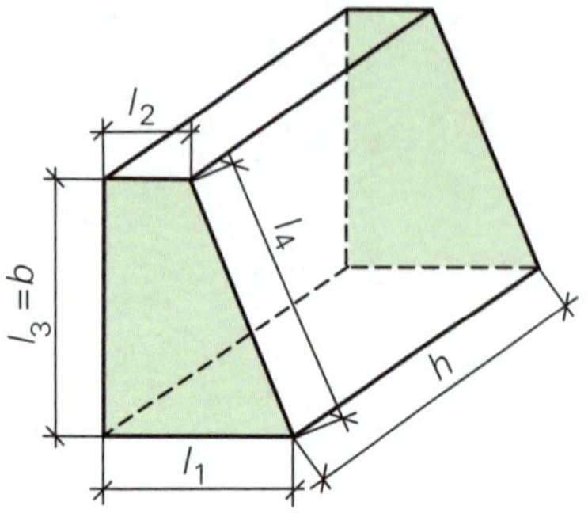

Einzelzuschnitt:

Oberteil: $A = l_{2Z} \cdot h_Z$

Rückenteil: $A = l_{3Z} \cdot h_Z$

Unterteil: $A = l_{1Z} \cdot h_Z$

Vorderteil: $A = l_{4Z} \cdot h_Z$

Seitenteil: $A = 2 \cdot \frac{l_{1Z} \cdot l_{2Z}}{2} \cdot l_{3Z}$

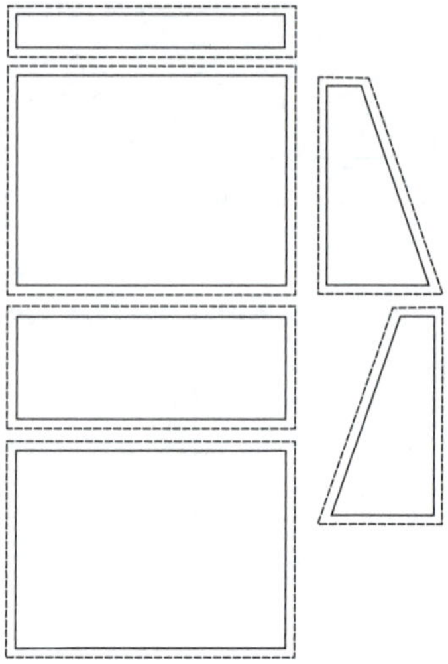

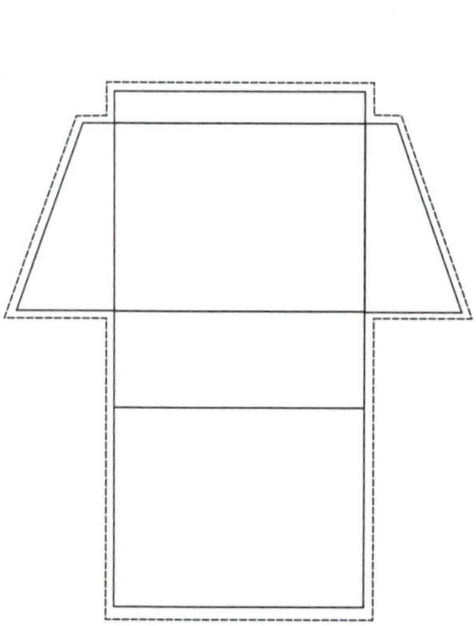

Kreuzzuschnitt:

$A = (l_{1Z} + l_2 + l_3 + l_4) \cdot h_Z + 2 \cdot \frac{l_{1Z} \cdot l_{2Z}}{2} \cdot l_{3Z}$

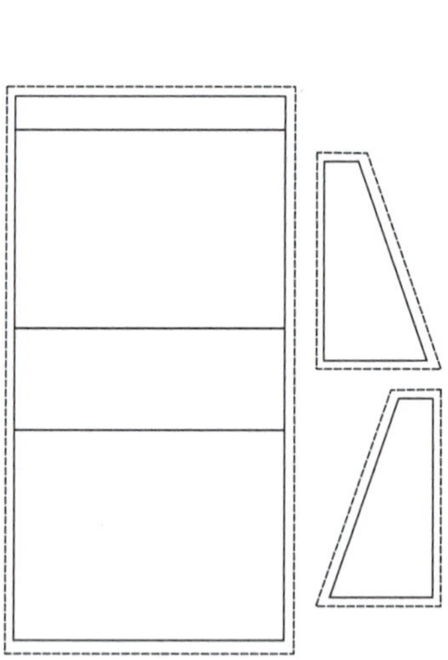

Mantelzuschnitt:

Mantel: $A = (l_{1Z} + l_2 + l_3 + l_4) \cdot h_Z$

Seitenteil: $A = 2 \cdot \frac{l_{1Z} \cdot l_{2Z}}{2} \cdot l_{3Z}$

Nackenrolle

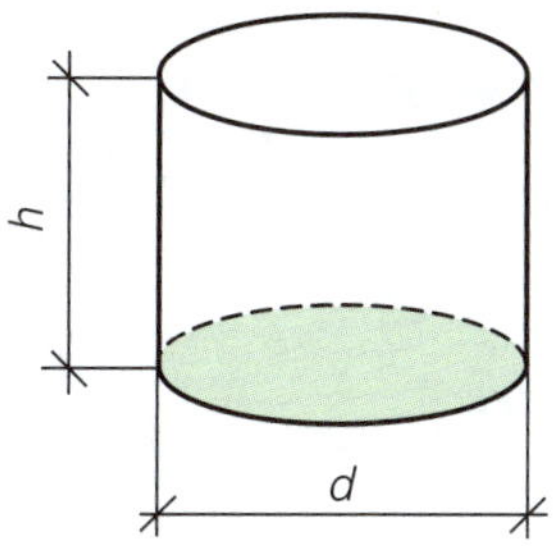

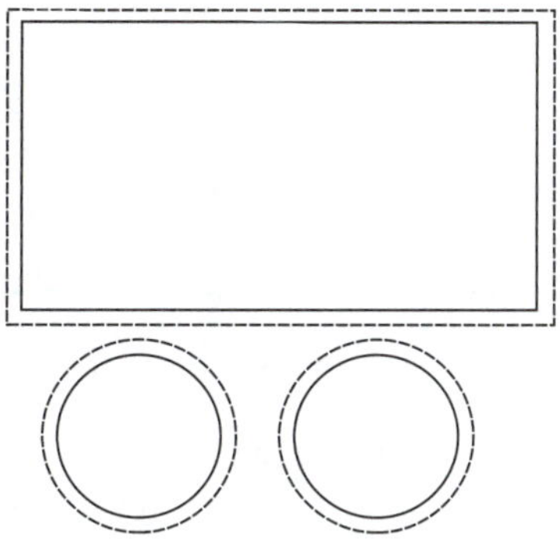

Einzelzuschnitt:

Mantel: $A = U_Z \cdot h_Z = [(d \cdot \pi) + 2 \cdot z] \cdot h_Z$

Seitenteil: $A = 2 \cdot \frac{d_Z \cdot d_Z \cdot \pi}{4}$

Heftungen

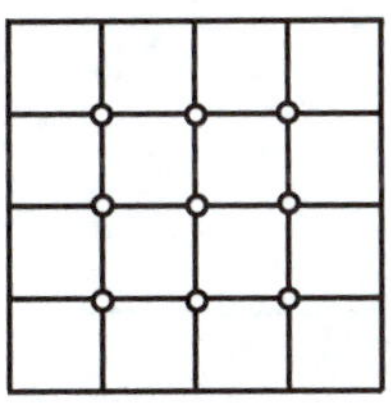

Quadratheftung

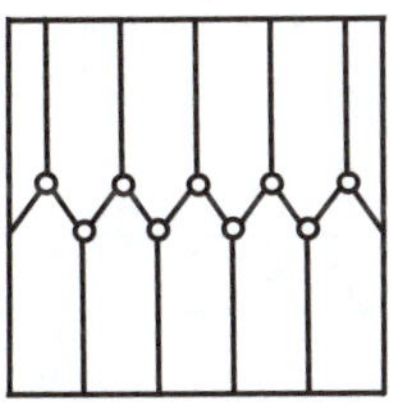

Heftung mit halben Rauten und Pfeifen

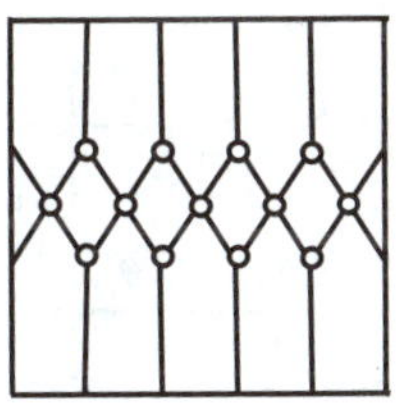

Rautenheftung mit Pfeifen

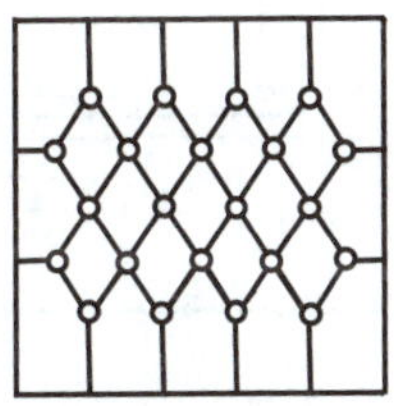

Rautenheftung

Aufteilung nach dem Goldenen Schnitt:

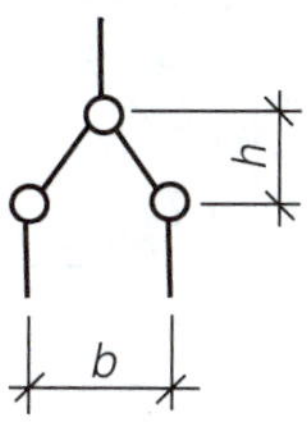

$2 \cdot h \cdot 0{,}618 = b$

$b \cdot 0{,}809 = h$

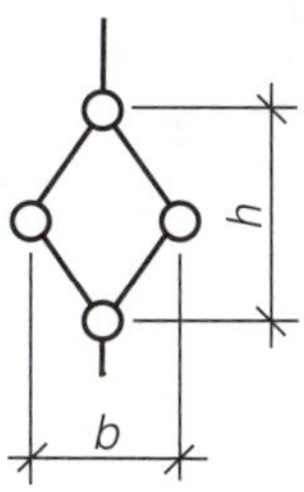

$h \cdot 0{,}618 = b$

$b \cdot 1{,}618 = h$

Berechnung bei Dekorationsarbeiten

Länge von Vorhangschienen, -stangen und Drahtseilgarnituren

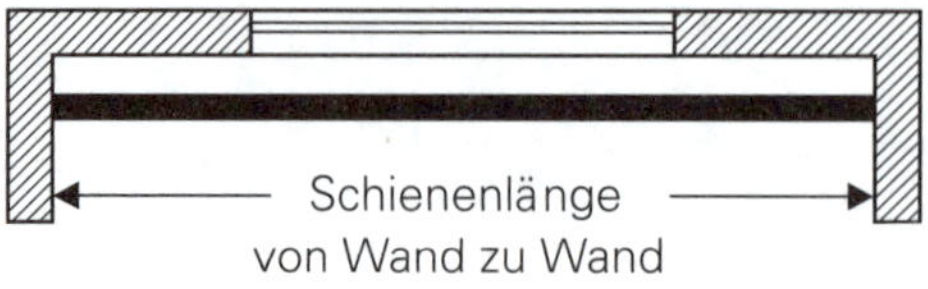

Wandbreite = Schienenlänge

Fensterbreite
+ 2 · Seitliche Zugabe
= Fertigbreite

oder

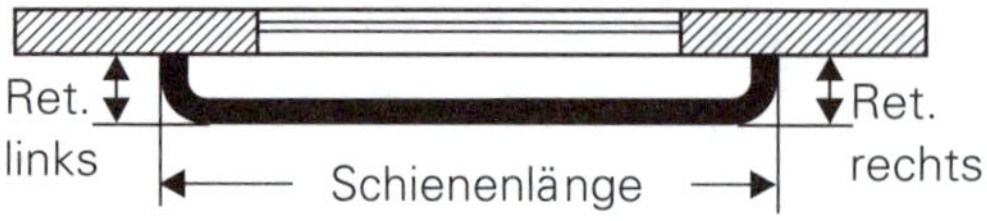

Fensterbreite · 1,30 = Fertigbreite

Die Länge von Vorhangschienen kann durch seitliche Retouren vergrößert sein.

Länge von Vitragenstangen

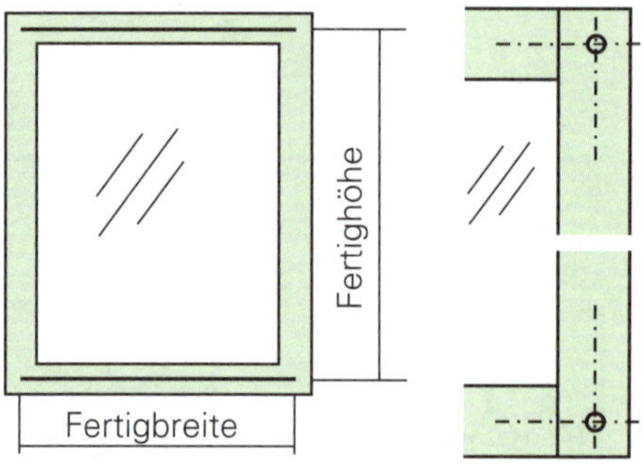

Fertigbreite = Stangenlänge

(von Rahmenmitte
bis Rahmenmitte)

Faltenbänder

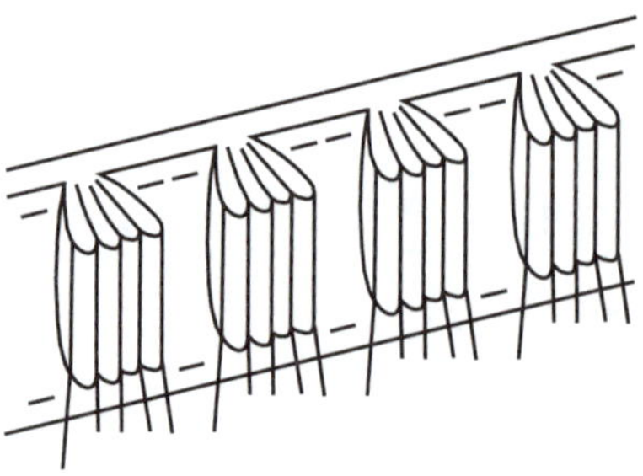

Fertigbreite · Verhältniszahl = Zuschnittbreite

z. B.

Falten	**Verhältnis**	**Rapport**	**Falten-abstand**
2	1:2	13,0 cm	7,5 cm
3	1:2,5	17,0 cm	7,5 cm
4	1:3	20,0 cm	7,5 cm

Obere Abschlüsse

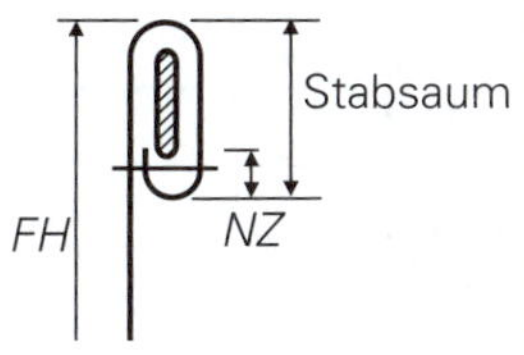

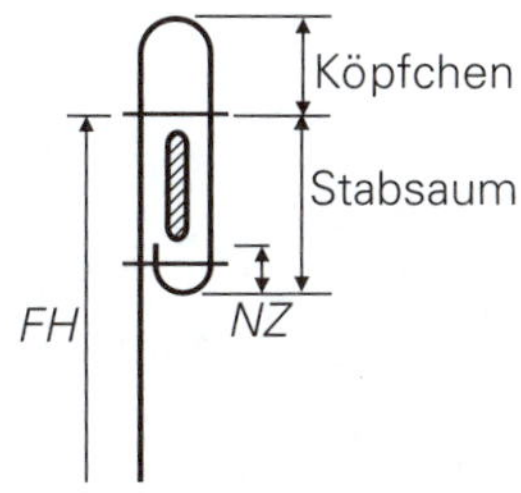

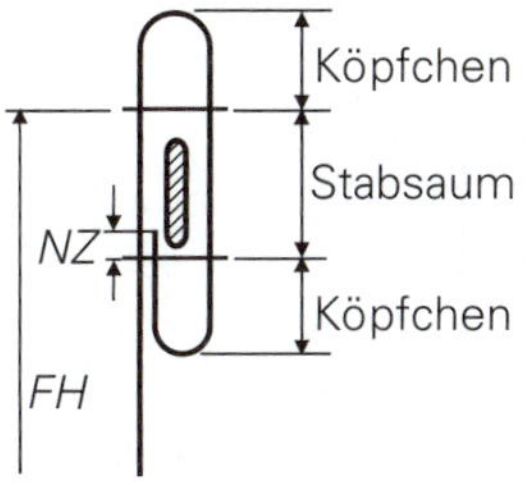

Stabsaum	Stabsaum mit einfachem Köpfchen	Stabsaum mit doppeltem Köpfchen
Stabsaum + *NZ*	2 *KÖ* + Stabsaum + *NZ*	4 *KÖ* + Stabsaum + *NZ*

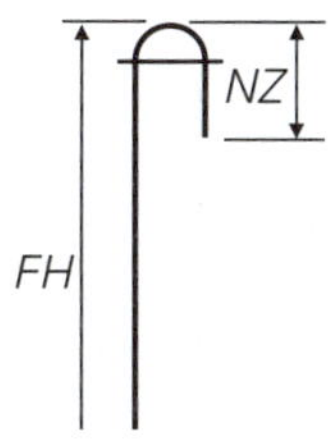

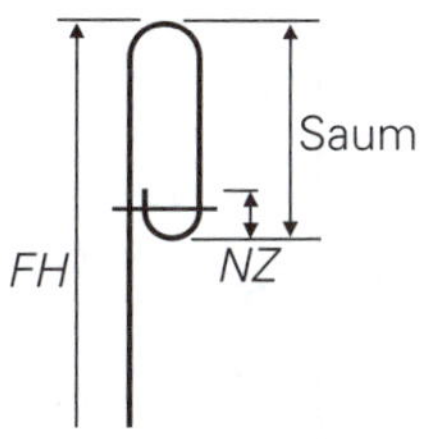

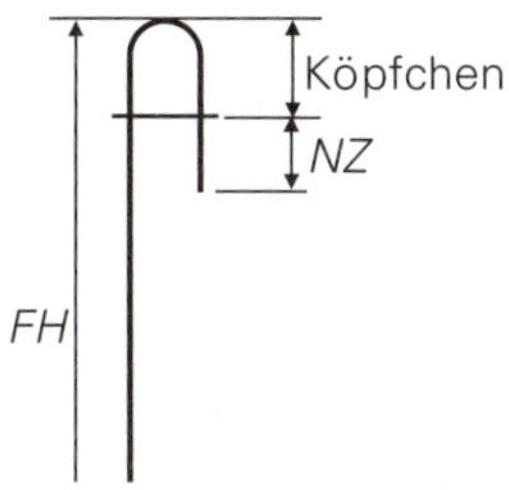

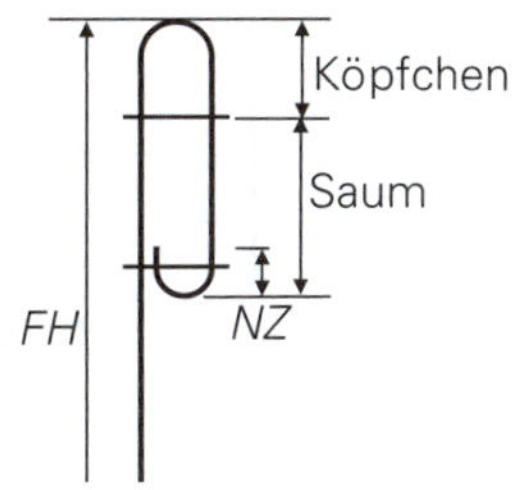

Saumkante	Einfacher Saum	Köpfchen	Köpfchen mit einfachem Saum
NZ	Saum + *NZ*	*KÖ* + *NZ*	*KÖ* + Saum + *NZ*

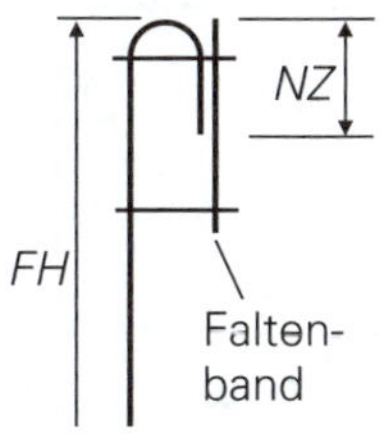

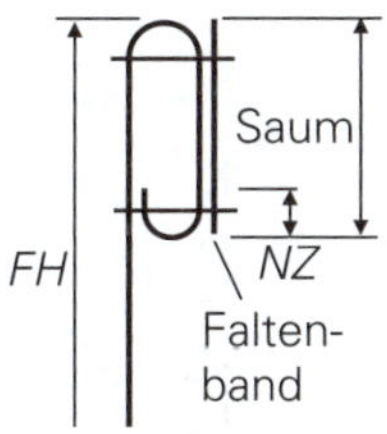

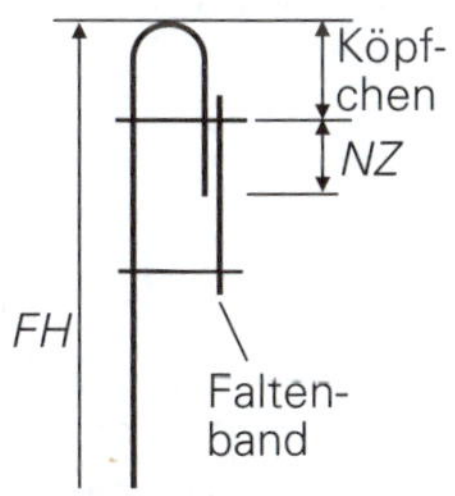

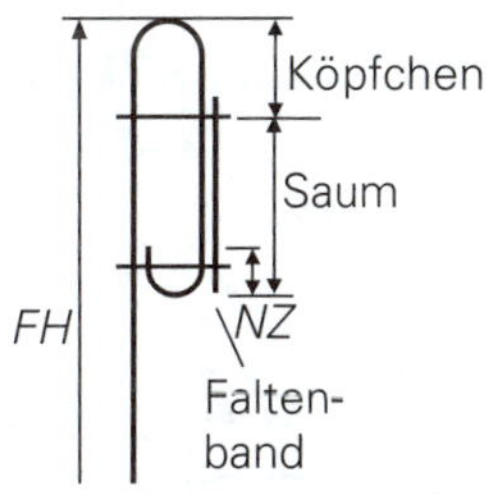

Saumkante, Faltenband direkt aufgenäht	Einfacher Saum, Faltenband aufgenäht	Köpfchen, Faltenband direkt aufgenäht	Köpfchen mit einfachem Saum, Faltenband aufgenäht
NZ	Saum + *NZ*	*KÖ* + *NZ*	*KÖ* + Saum + *NZ*

Untere Abschlüsse

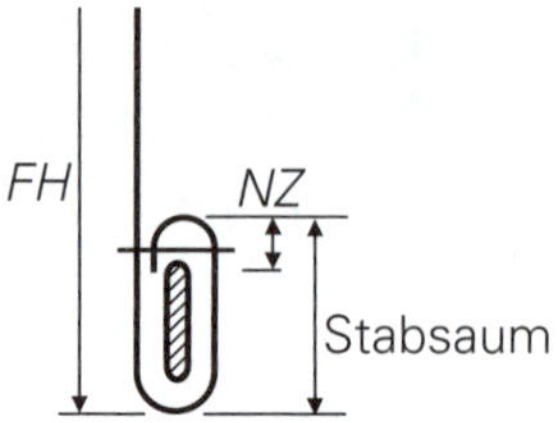	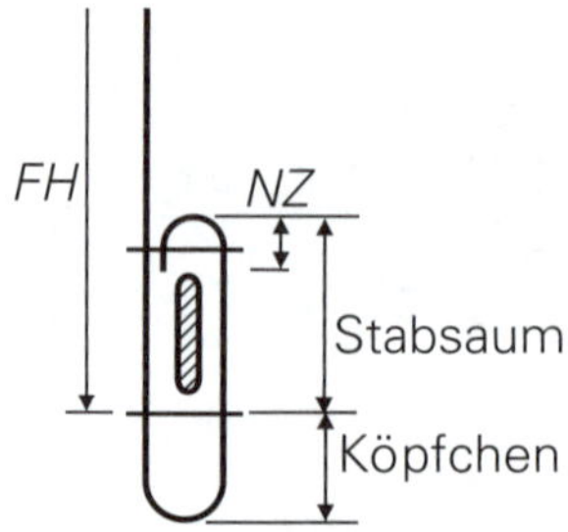	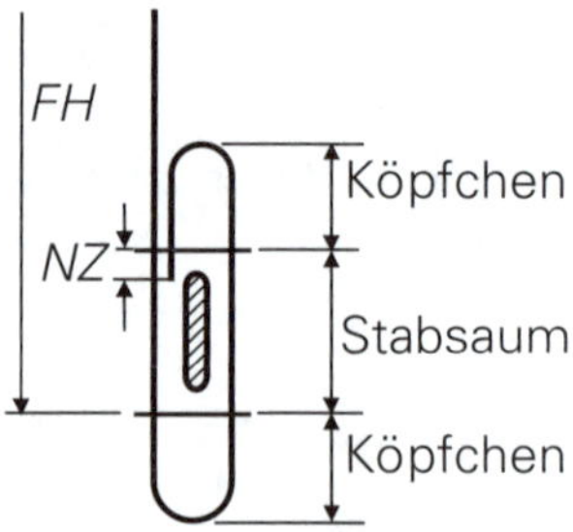
Stabsaum	Stabsaum mit einfachem Köpfchen	Stabsaum mit doppeltem Köpfchen
Stabsaum + *NZ*	2 *KÖ* + Stabsaum + *NZ*	4 *KÖ* + Stabsaum + *NZ*

	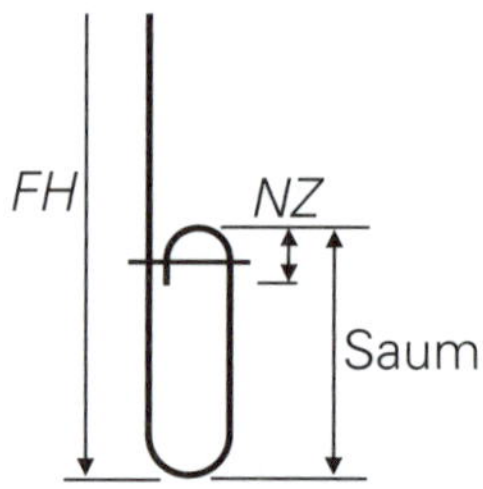	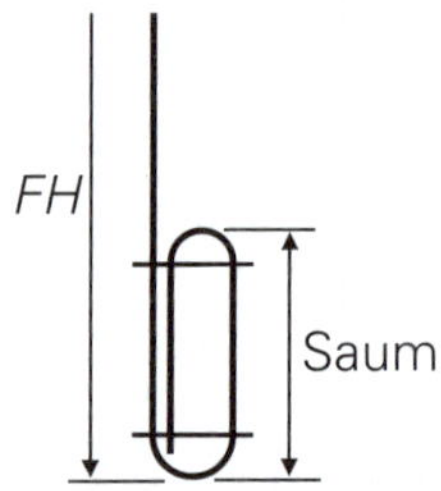	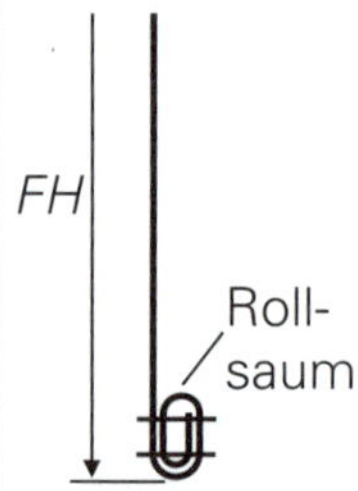
Bleibandabschluss	Saum	Doppelsaum	Rollsaum
---	Saum + *NZ*	2 · Saum	*NZ*

Seitliche Abschlüsse

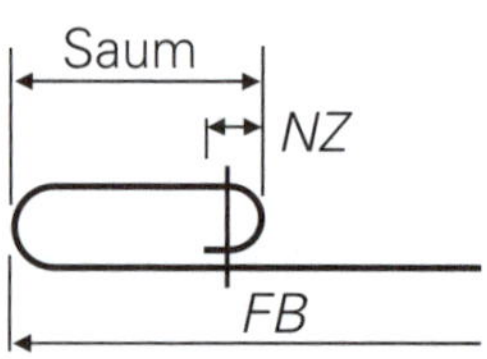	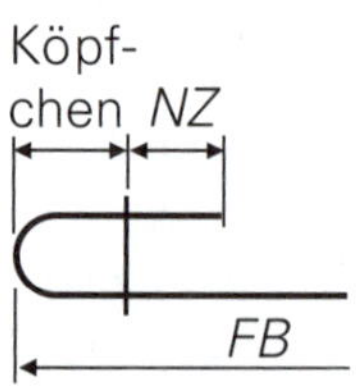	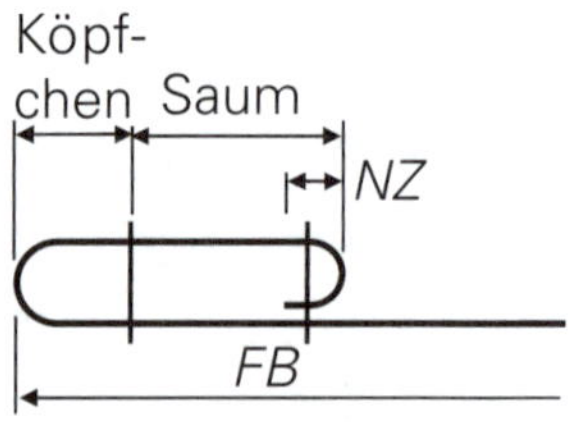
Seitensaum	Köpfchen	Köpfchen mit einfachem Saum
Saum + *NZ*	*KÖ* + *NZ*	*KÖ* + Saum + *NZ*

Scheibenhänger

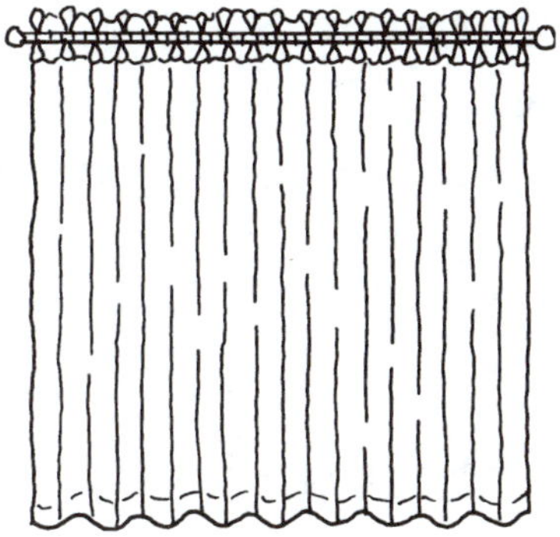

Fertighöhe
\+ Abschluss oben
\+ Abschluss unten
= Zuschnitthöhe

Fertigbreite
\+ Faltenzugabe (60–100%)
= Zuschnittbreite

Scheibenhänger mit aufgenähter Borte oder Volant

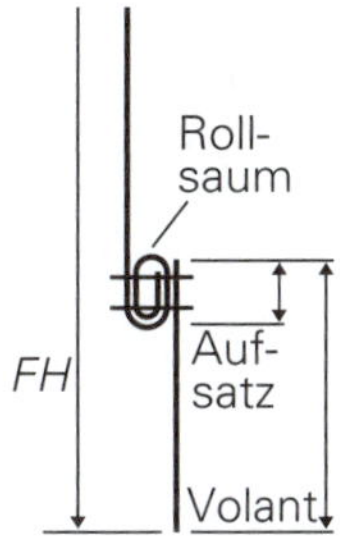

Fertighöhe
\+ Abschluss oben
– Borte oder Volant
\+ Aufsatz für Borte oder Volant
\+ Rollsaum unten
= Zuschnitthöhe

Fertigbreite
\+ Faltenzugabe (60–100%)
= Zuschnittbreite

Scheibenspanner

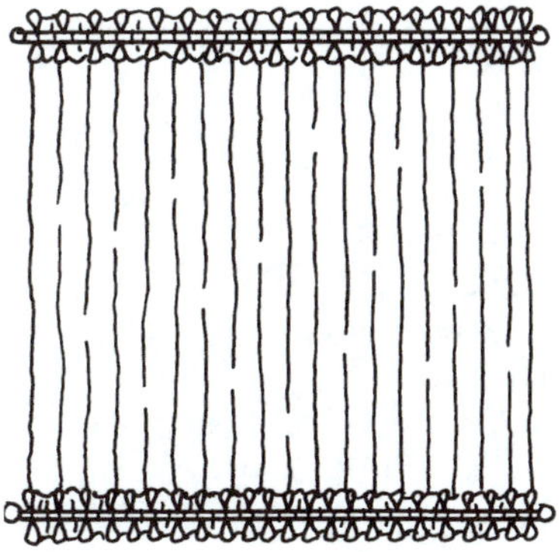

Fertighöhe
\+ Abschluss oben
\+ Abschluss unten
= Zuschnitthöhe

Fertigbreite
\+ Faltenzugabe (60–100%)
= Zuschnittbreite

Stores

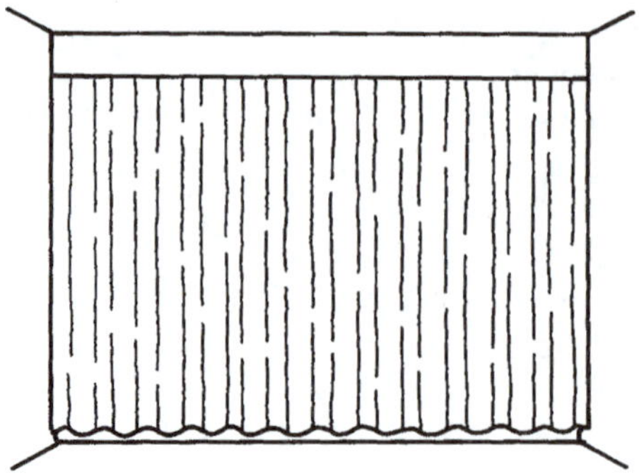

Fertighöhe
\+ Abschluss oben
\+ Abschluss unten
= Zuschnitthöhe

Fertigbreite
\+ Faltenzugabe
= Zuschnittbreite

oder

Fertigbreite · Verhältniszahl Faltenband
= Zuschnittbreite

Stores mit angenähtem Sockel, Borte oder Fransenabschluss

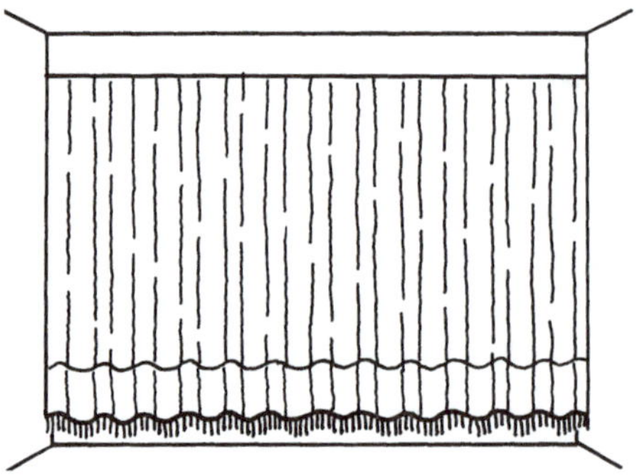

Fertighöhe
\+ Abschluss oben
– Borte oder Volant oder Franse
\+ Aufsatz für Borte oder Volant oder Franse
\+ Saum für Bleiband
\+ Nahtzugabe unten
= Zuschnitthöhe

Fertigbreite
\+ Faltenzugabe
= Zuschnittbreite

oder

Fertigbreite · Verhältniszahl Faltenband
= Zuschnittbreite

Sockel, Borte oder Fransenabschluss an Stores

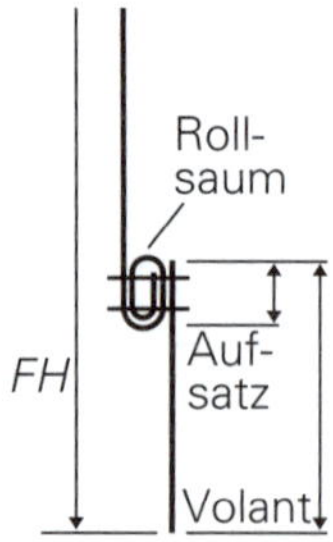

Fertighöhe
\+ Abschluss oben
– Borte oder Volant
\+ Aufsatz für Borte oder Volant
\+ Rollsaum unten
= Zuschnitthöhe

Zuschnittbreite des Stores
\+ Faltenzugabe (150%)
= Zuschnittlänge

Gerader Dekoschal ohne Rapport

Fertighöhe
\+ Abschluss oben
\+ Abschluss unten
= Zuschnitthöhe

für 1-fache Stoffbreite:
Zuschnitthöhe · 2 = Stoffmenge

für 1½-fache Stoffbreite:
Zuschnitthöhe · 3 = Stoffmenge

Gerader Dekoschal mit Rapport

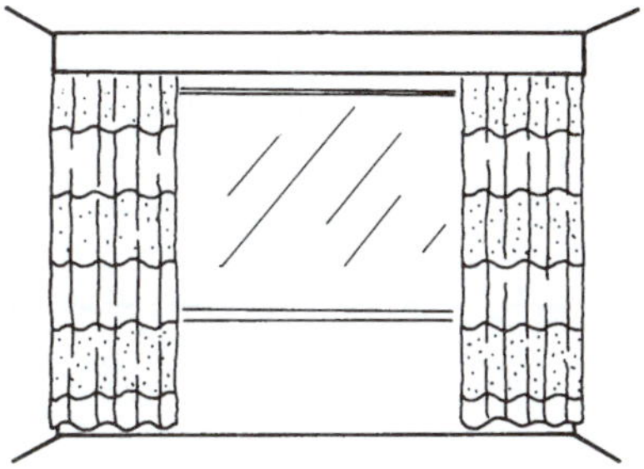

Fertighöhe
\+ Abschluss oben
\+ Abschluss unten
= Bahnenlänge

Bahnenlänge : Rapporthöhe = Anzahl Rapporte (aufrunden!)

Anzahl Rapporte · Rapporthöhe = Zuschnitthöhe

für 1-fache Stoffbreite:
Zuschnitthöhe · 2 = Stoffmenge

für 1½-fache Stoffbreite:
Zuschnitthöhe · 3 = Stoffmenge

Vorhang ohne Rapport – Stoff in Raumhöhe

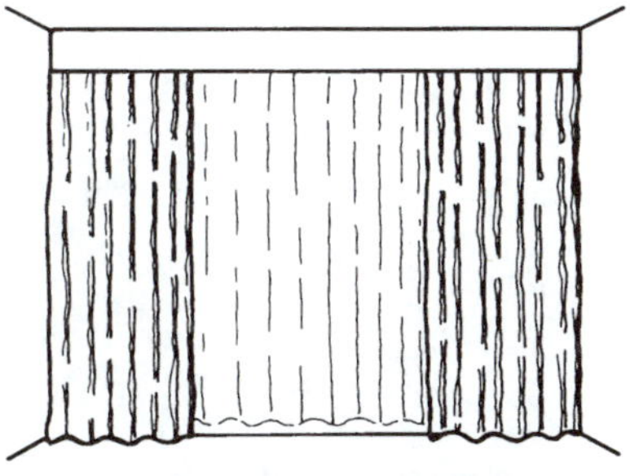

Fertighöhe
\+ Abschluss oben
\+ Abschluss unten
= Zuschnitthöhe (ergibt die Stoffbreite)

Fertigbreite
\+ Faltenzugabe
= Zuschnittbreite (ergibt die Stofflänge)

oder

Fertigbreite · Verhältniszahl Faltenband
= Zuschnittbreite (ergibt die Stofflänge)

Vorhang ohne Rapport – Stoff in Bahnenbreite

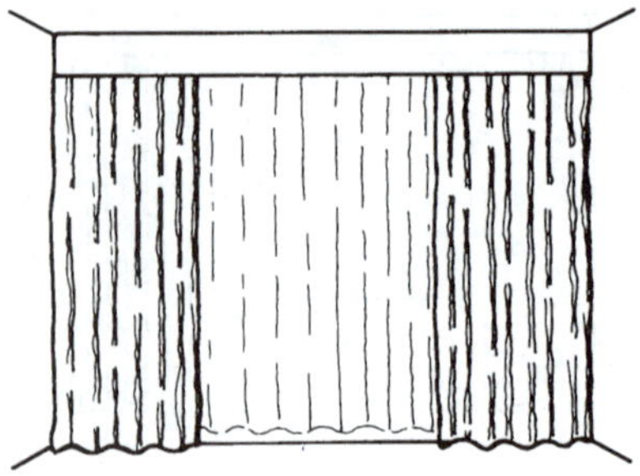

Fertighöhe
+ Abschluss oben
+ Abschluss unten
= Zuschnitthöhe

Fertigbreite
+ Faltenzugabe
= Zuschnittbreite

oder

Fertigbreite · Verhältniszahl Faltenband = Zuschnittbreite

Zuschnittbreite : Stoffbreite = Bahnenanzahl (aufrunden)

Bahnenanzahl · Zuschnitthöhe = Stoffmenge

Vorhang mit Rapport – Stoff in Bahnenbreite

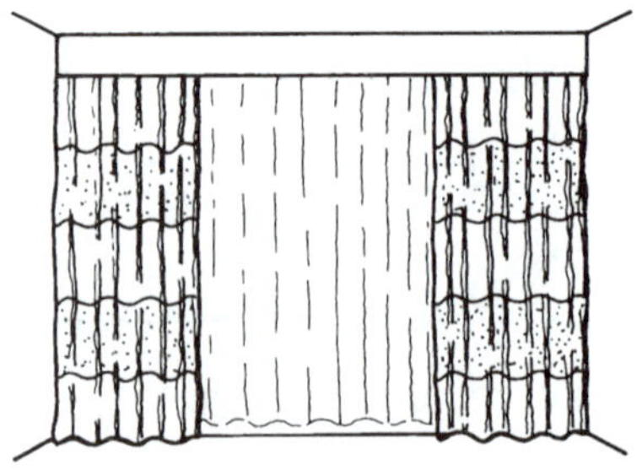

Fertighöhe
+ Abschluss oben
+ Abschluss unten
= Bahnenlänge

Bahnenlänge : Rapporthöhe = Anzahl Rapporte (aufrunden)

Anzahl Rapporte · Rapporthöhe = Zuschnitthöhe

Fertigbreite
+ Faltenzugabe
= Zuschnittbreite

oder

Fertigbreite · Verhältniszahl Faltenband = Zuschnittbreite

Zuschnittbreite : Stoffbreite = Bahnenanzahl (aufrunden)

Bahnenanzahl · Zuschnitthöhe = Stoffmenge

Raffgardine mit angenähtem Volant, Borte oder Fransenabschluss

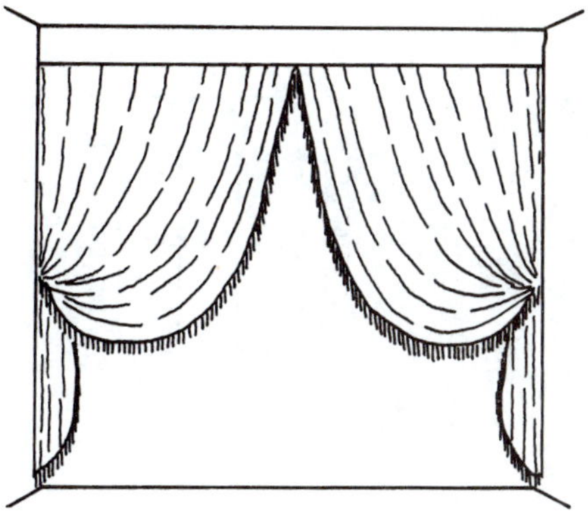

Fertighöhe
\+ Abschluss oben
– Borte oder Volant oder Franse
\+ Aufsatz für Borte oder Volant oder Franse
\+ Rollsaum unten
= Hintere Zuschnitthöhe

Ausgelegtes Kettmaß
\+ Abschluss oben
– Borte oder Volant oder Franse
\+ Aufsatz für Borte oder Volant oder Franse
\+ Rollsaum unten
= Vordere Zuschnitthöhe

Fertigbreite
– Borte oder Volant oder Franse
\+ Faltenzugabe
= Zuschnittbreite je Raffschal

Zuschnittbreite je Raffschal · 2 = Stoffbedarf

Volant, Borte oder Fransenabschluss an der Raffgardine

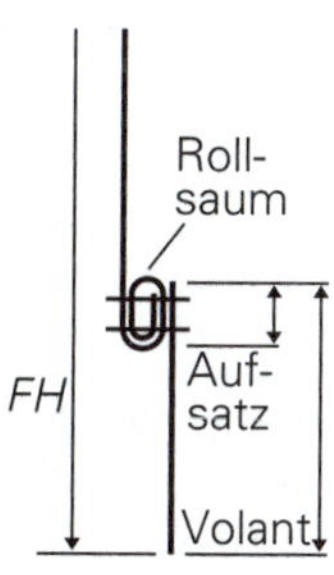

Fertighöhe
\+ Abschluss oben
– Borte oder Volant
\+ Aufsatz für Borte oder Volant
\+ Rollsaum unten
= Zuschnitthöhe

Zuschnittbreite des Raffschals –10%
\+ ausgelegtes Kettmaß
– Volant, Borte oder Franse
= Fertiglänge

	Fertiglänge	
+	Faltenzugabe	(150%)
=	Zuschnittlänge	(je Raffgardine)

Wolkenstores, aus einem Stoffteil gefertigt

Fertighöhe
– Volant oder Franse
– Bogendurchhang
= glatte Stoffhöhe
+ Faltenzugabe (100–200%)
+ Abschluss oben
+ Aufsatz für Volant oder Franse
+ Rollsaum unten
= Zuschnitthöhe

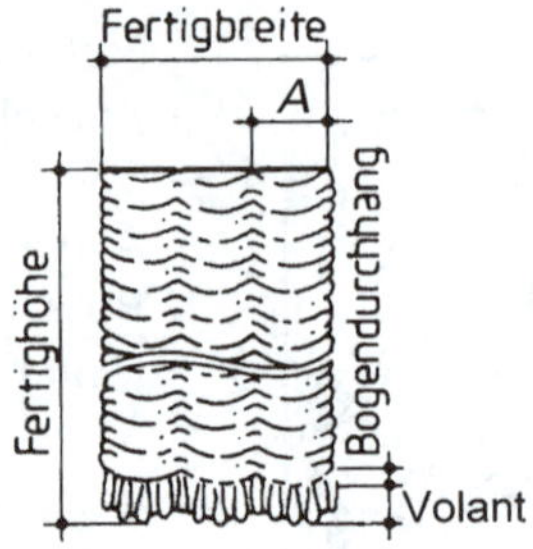

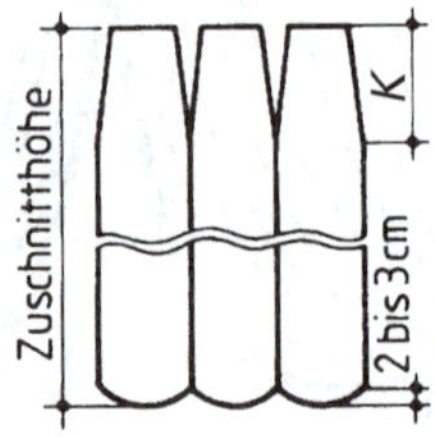

Fertigbreite Wolkenstore : Anzahl der Wolken = Fertigbreite je Wolke

Fertigbreite je Wolke
+ Zugabe Bogendurchhang (25–50%)
= Zuschnittbreite je Wolke

(Zuschnittbreite je Wolke · Anzahl der Wolken) + Abschlüsse der äußeren Wolken
= Zuschnittbreite Wolkenstore

Wolkenstores, aus einzelnen Wolken gefertigt

Fertighöhe
– Volant oder Franse
– Bogendurchhang
= glatte Stoffhöhe
+ Faltenzugabe (100–200%)
+ Abschluss oben
+ Aufsatz für Volant oder Franse
+ Rollsaum unten
= Zuschnitthöhe

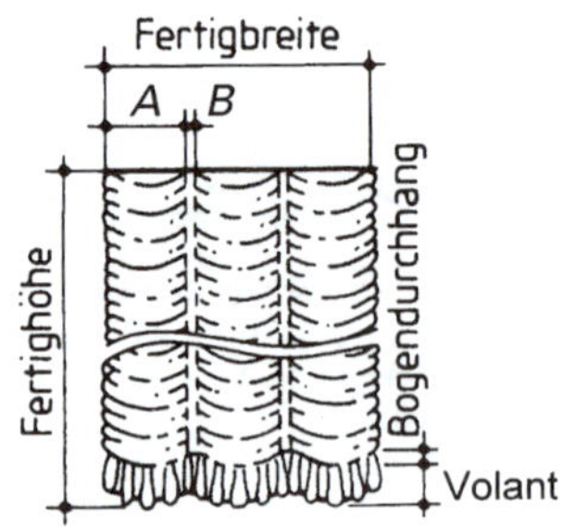

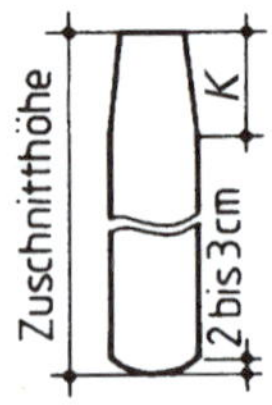

Anzahl der Wolken – 1 = Anzahl der Wolkenabstände

Anzahl der Wolkenabstände · Abstandsbreite = Gesamtabstand

Fertigbreite Wolkenstore – Gesamtabstand = Gesamtbreite aller Wolken

Gesamtbreite aller Wolken : Anzahl der Wolken = Fertigbreite je Wolke

Fertigbreite je Wolke
+ Zugabe Bogendurchhang (25–50%)
+ Nahtzugaben an den Außenkanten
= Zuschnittbreite je Wolke

(Zuschnittbreite je Wolke · Anzahl der Wolken) + Abschlüsse der äußeren Wolken
= Stoffbreite Wolkenstore

Flächenvorhang

$$\frac{\text{Gesamtbreite} - \text{Überlappung}}{\text{Anzahl der Vorhänge}} = \text{Lichte Vorhangbreite}$$

Lichte Vorhangbreite
+ Überlappung
= Zuschnittbreite

Gesamthöhe – 3 cm = Zuschnitthöhe

Faltrollo

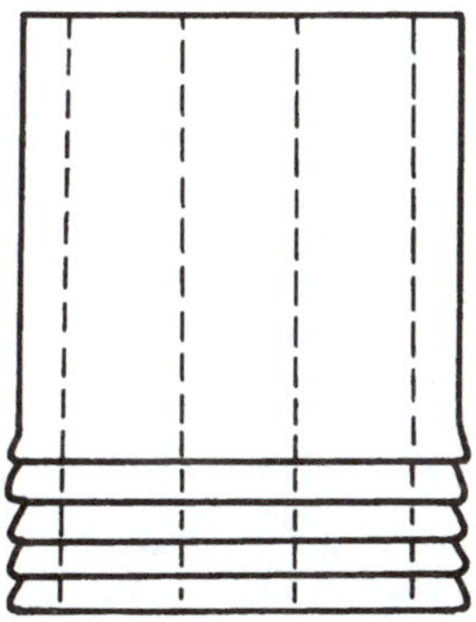

Fertighöhe
+ Abschluss oben
+ Abschluss unten
= Zuschnitthöhe

Fertigbreite
+ 2 · Seitlicher Abschluss
= Zuschnittbreite

Raffrollo

Fertighöhe
+ Zugabe (bis 50%)
+ Abschluss oben
+ Abschluss unten
= Zuschnitthöhe

Fertigbreite
+ Faltenzugabe
+ 2 · Seitlicher Abschluss
= Zuschnittbreite

Berechnung bei Wand- und Deckenbekleidungsarbeiten

Tapezieren

Wandfläche (Nutzfläche)

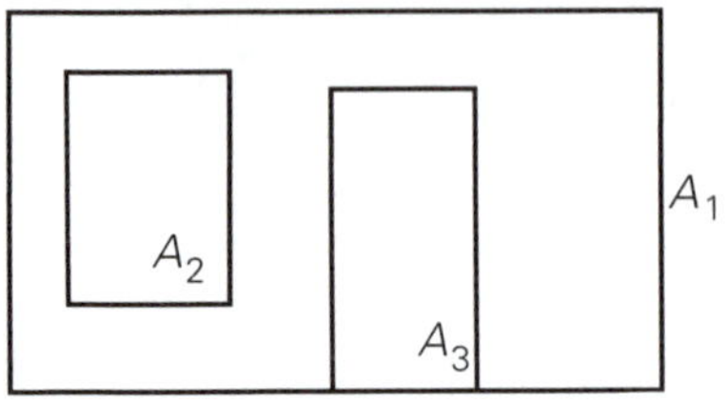

Nutzfläche einer Wand =
Wandfläche – Türenflächen – Fensterflächen

$A_{ges.} = A_1 - A_2 - A_3$

Wandumfang

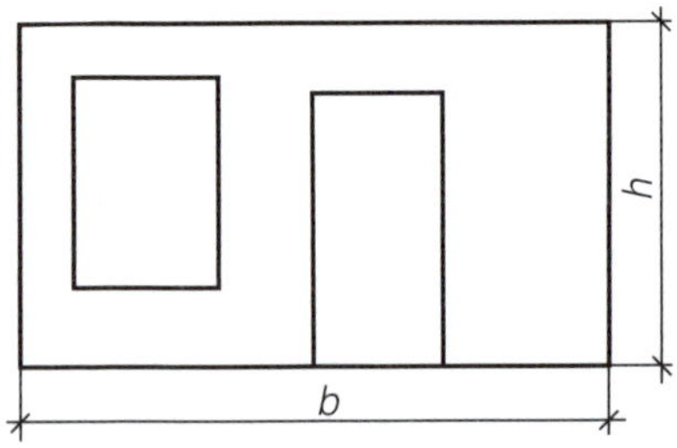

$U = 2 \cdot (b + h)$

Bedarf an Tapeten berechnet nach der Nutzfläche einer Tapetenrolle

Rollenbreite · Rollenlänge = Fläche einer Rolle

$$\frac{\text{Fläche einer Rolle} \cdot \text{Prozentsatz}}{100\%} = \text{Abzug}$$

Prozentsatz für Abzüge:

- Tapeten ohne Rapport: 10%
- Tapeten mit bis 20 cm Rapporthöhe: 20%
- Tapeten mit über 20 cm Rapporthöhe: 30%

Fläche einer Rolle – Abzug = Nutzfläche einer Rolle

$$\frac{\text{Wandfläche} - \text{Türfläche} - \text{Fensterfläche}}{\text{Nutzfläche einer Rolle}} = \text{Rollenanzahl} \quad \text{(aufrunden)}$$

Bedarf an Tapeten (Bahnenmethode) – ohne Rapport

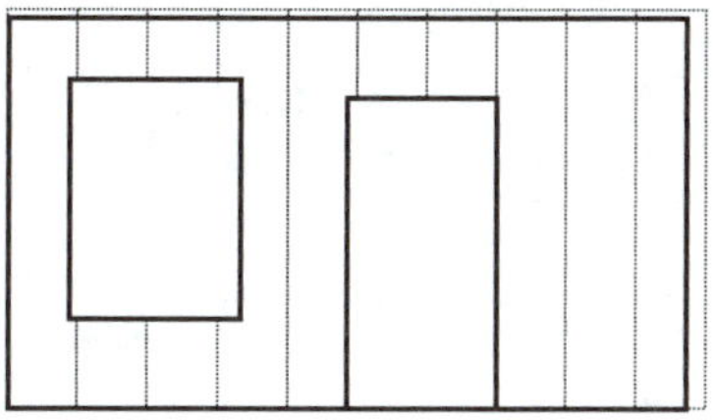

$\frac{\text{Wandbreite}}{\text{Bahnenbreite}}$ = Bahnenanzahl (aufrunden)

Wandhöhe + Zugabe = Bahnenlänge

$\frac{\text{Rollenlänge}}{\text{Bahnenlänge}}$ = Bahnen je Rolle (abrunden)

$\frac{\text{Bahnenanzahl}}{\text{Bahnen je Rolle}}$ = Rollenanzahl (aufrunden)

Bedarf an Tapeten (Bahnenmethode) – mit Rapport, gerader Ansatz

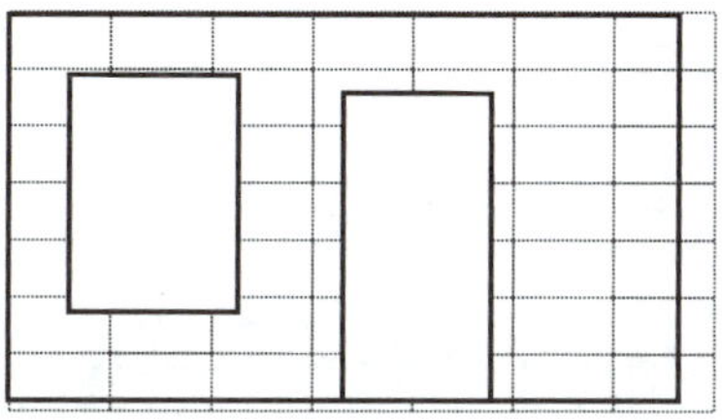

$\frac{\text{Wandbreite}}{\text{Bahnenbreite}}$ = Bahnenanzahl (aufrunden)

Wandhöhe + Zugabe = Bahnenlänge

$\frac{\text{Bahnenlänge}}{\text{Rapporthöhe}}$ = Anzahl Rapporte (aufrunden)

Anzahl Rapporte · Rapporthöhe = Zuschnittlänge

$\frac{\text{Rollenlänge}}{\text{Zuschnittlänge}}$ = Bahnen je Rolle (abrunden)

$\frac{\text{Bahnenanzahl}}{\text{Bahnen je Rolle}}$ = Rollenanzahl (aufrunden)

Rollenmaße und Tapezierflächen (Auswahl)

Tapetenart	Rollenmaße	Tapezierfläche pro Rolle ohne Verschnitt
Europarolle	10,05 x 0,53 m	5,33 m²
Papiertapete	10,05 x 0,53 m	5,33 m²
Vinyltapete	10,05 x 0,53 m	5,33 m²
Textiltapete	10,05 x 1,06 m	10,65 m²
Strukturvliestapete	25,00 x 1,06 m	26,50 m²
Korktapete	9,15 x 0,76 m	6,95 m²
Grastapete	6,10 x 0,91 m	5,55 m²
Raufaser	33,50 x 0,53 m	17,75 m²
Sockelfriestapete	5,00 x 1,06 m	5,30 m²

Bedarf an Tapetenrollen (Tabellenmethode) – für Europarollen

Für gemusterte Tapeten. Türen und Fenster sind bereits berücksichtigt.

Raumumfang in m	Anzahl der Rollen bei einer Raumhöhe von			Decke: Anzahl der Rollen
	2,10 – 2,35 m	2,40 – 3,05 m	3,10 – 4,00 m	
6	3	4	5	1
10	5	7	9	2
12	6	8	11	2
15	8	10	14	3
18	9	12	17	4
20	10	14	19	5
24	12	16	23	7

Bedarf an Kleister

$$\text{Wandfläche } [m^2] \cdot \text{Kleisterverbrauch} \left[\frac{kg}{m^2}\right] = \text{Kleisterbedarf [kg]}$$

Verwendungszweck	Ansatz	Packungsinhalt in Liter Wasser	Reichweite für ca.	
			m²	Rollen
Normalkleister				
Vorkleistern	1:80	10	100	–
Leichte Papiertapeten	1:70	8 3/4	50	10
Normale Papiertapeten	1:60	7 1/2	40	8
Schwere Papiertapeten	1:50	6 1/4	30	6
Spezialkleister				
Vorkleistern	1:40	8	60 – 80	–
Tapeten	1:20	4	22 – 26	4 – 5
Raufaser	1:20	4	40	2
Pulverförmiger Kleber				
Glasgewebetapete, Auftrag auf Tapete	1:14	3,5	17 – 20	
Glasgewebetapete, Auftrag auf Untergrund	1:12	3,0	15 – 17	

Verschnitt

$$\text{Wandfläche} - \text{Tapetenfläche} = \text{Verschnittfläche}$$

$$\frac{\text{Verschnittfläche} \cdot 100\,\%}{\text{Tapetenfläche}} = \text{Verschnitt in } \%$$

Wandbespannung

Leistenverbrauch bei Wandbespannungen – Kunststoff-Profilleisten

Wand:
2 · Wandhöhe + 2 · Wandbreite

Türe:
2 · Türhöhe + 2 · Leistenbreite

(die obere Leiste der Türe wird von der Bodenleiste entnommen)

Fenster:
2 · Fensterhöhe + 2 · Fensterbreite + 8 · Leistenbreite

Fenster mit Heizkörper:
2 · (Brüstungshöhe + Fensterhöhe) + 2 · Leistenbreite

Heizkörpernischen und Fensterbereiche mit vorspringenden Heizkörpern werden genauso berechnet wie Türen. Die obere Leiste des Fensters wird von der Bodenleiste entnommen.

Leistenverbrauch bei Wandbespannungen – Holzleisten

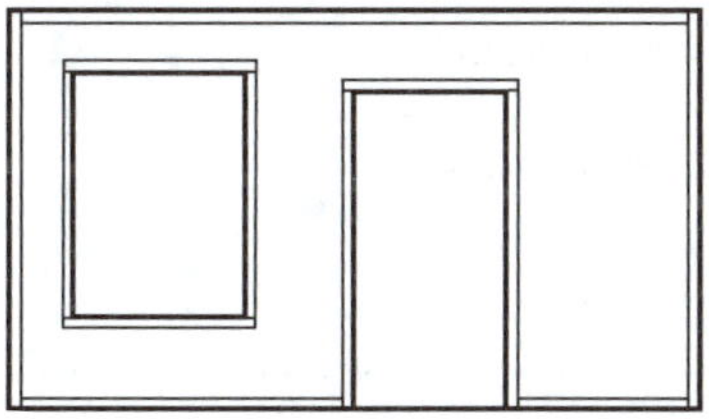

Wand:
2 · Wandhöhe + 2 · Wandbreite + 2 · Leistenbreite

Türe:
2 · Türhöhe

(die obere Leiste der Türe wird von der Bodenleiste entnommen)

Fenster:
2 · Fensterhöhe + 2 · Fensterbreite + 4 · Leistenbreite

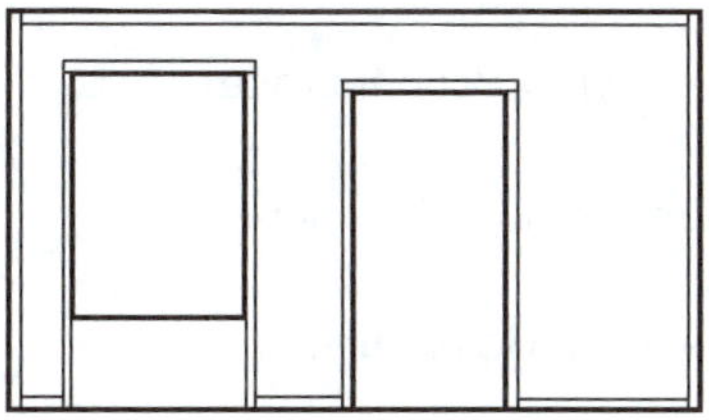

Fenster mit Heizkörper:
2 · (Brüstungshöhe + Fensterhöhe)

Heizkörpernischen und Fensterbereiche mit vorspringenden Heizkörpern werden genauso berechnet wie Türen. Die obere Leiste des Fensters wird von der Bodenleiste entnommen.

Anzahl an Leisten für Wandbespannungen

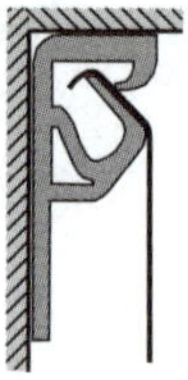

$$\frac{\text{Leistenverbrauch}}{\text{Leistenlänge}} = \text{Anzahl Leisten}$$

$$\frac{\text{Leistenverbrauch} \cdot 100\,\%}{(100\,\% - \text{Verschnitt}\,\%)} = \text{Leistenbedarf}$$

Bedarf an Vliesunterlage für Wandbespannungen

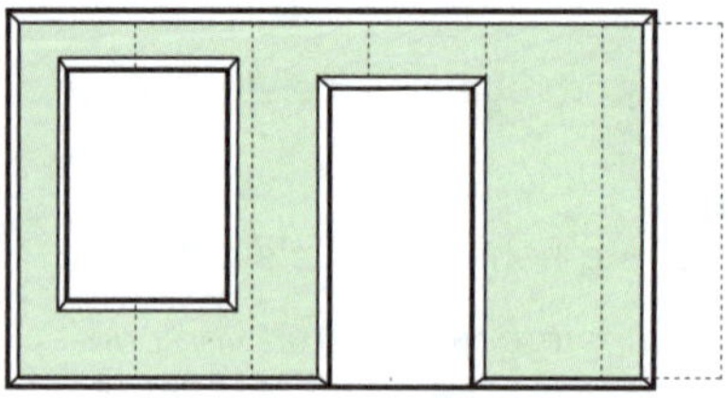

$$\frac{\text{Wandbreite}}{\text{Bahnenbreite}} = \text{Bahnenanzahl} \quad \text{(aufrunden)}$$

Wandhöhe = Bahnenlänge

Bahnenanzahl · Bahnenlänge = Gesamtlänge

$$\frac{\text{Gesamtlänge}}{\text{Rollenlänge}} = \text{Rollenanzahl} \quad \text{(aufrunden)}$$

Um Unebenheiten in den seitlichen Übergängen und zu Boden und Decke ausgleichen zu können, geht man bei der Berechnung immer von den Wandmaßen aus.

Stoffbedarf bei Querbespannung

Bei der Querbespannung ist der Stoff wandhoch oder mehr. Dadurch sind keine Nähte nötig.

Wandhöhe + 10 cm = Stoffbreite

Wandbreite + 10 cm = Stofflänge

Stoffbedarf bei Senkrechtbespannung – ohne Rapport

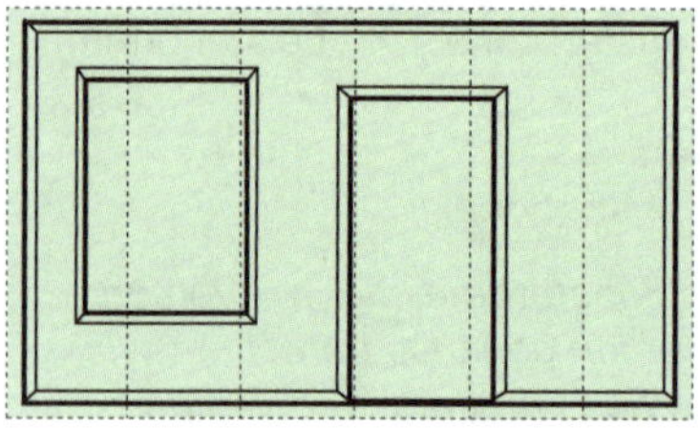

Wandbreite + 10 cm = Stoffbreite

Wandhöhe + 10 cm = Stofflänge

Breite der Stoffbahn – 3 cm = Bahnenbreite

$$\frac{\text{Stoffbreite}}{\text{Bahnenbreite}} = \text{Bahnenanzahl} \quad \text{(aufrunden)}$$

Bahnenanzahl · Stofflänge = Gesamtlänge

Hier werden mehrere Stoffbahnen zusammengenäht, um auf die erforderliche Wandbreite zu kommen. Für diese Naht werden von der Stoffbreite je Bahn ca. 3 cm abgezogen.

Stoffbedarf bei Senkrechtbespannung – mit Rapport

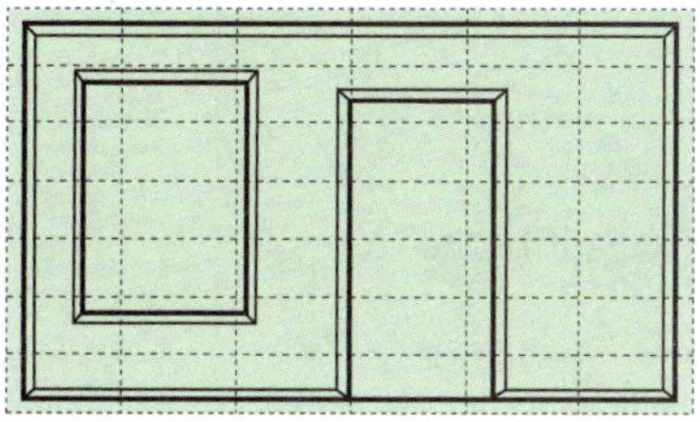

Wandbreite + 10 cm = Stoffbreite

Wandhöhe + 10 cm = Stofflänge

Breite der Stoffbahn – 3 cm = Bahnenbreite

$$\frac{\text{Stoffbreite}}{\text{Bahnenbreite}} = \text{Bahnenanzahl} \quad \text{(aufrunden)}$$

$$\frac{\text{Stofflänge}}{\text{Rapporthöhe}} = \text{Anzahl Rapporte} \quad \text{(aufrunden)}$$

Anzahl Rapporte · Rapporthöhe = Zuschnittlänge

Bahnenanzahl · Zuschnittlänge = Gesamtlänge

Hier werden mehrere Stoffbahnen zusammengenäht, um auf die erforderliche Wandbreite zu kommen. Für diese Naht werden von der Stoffbreite je Bahn ca. 3 cm abgezogen.

Deckenbespannung

Leistenverbrauch bei Deckenbespannungen

Raumumfang = Leistenverbrauch

Anzahl an Leisten für Deckenbespannungen

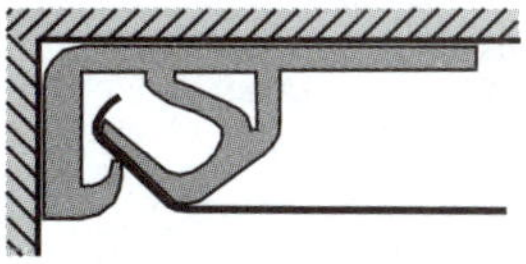

$$\frac{\text{Leistenverbrauch}}{\text{Leistenlänge}} = \text{Anzahl Leisten}$$

$$\frac{\text{Leistenverbrauch} \cdot 100\,\%}{(100\,\% - \text{Verschnitt}\,\%)} = \text{Leistenbedarf}$$

Stoffbedarf für Deckenbespannungen

Deckenlänge + 10 cm = Stofflänge

Deckenbreite + 10 cm = Stoffbreite

Wandbelag

Wandbelag in Rahmenhöhe

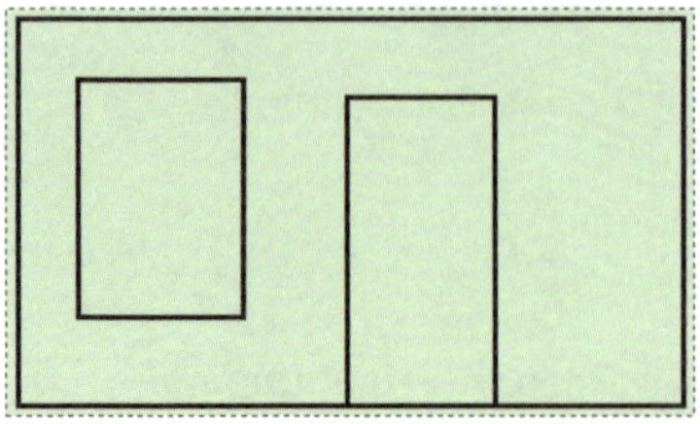

Wandhöhe + 10 cm = Stoffbreite

Wandbreite + 10 cm = Stofflänge

Wandbelag aus Bahnen – ohne Rapport

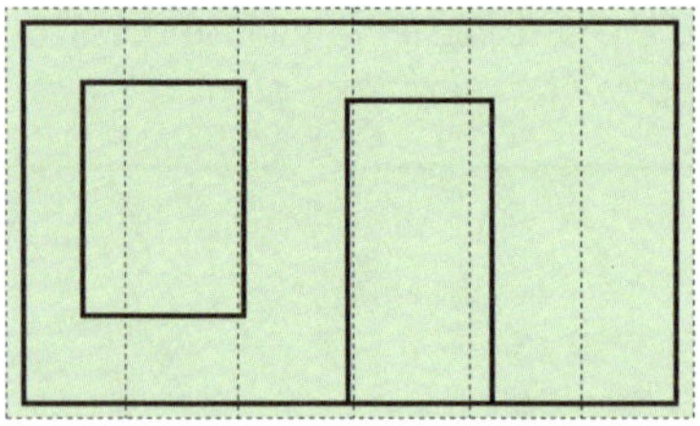

$$\frac{\text{Wandbreite}}{\text{Bahnenbreite}} = \text{Bahnenanzahl} \qquad \text{(aufrunden)}$$

Wandhöhe + Zugabe = Bahnenlänge

$$\frac{\text{Rollenlänge}}{\text{Bahnenlänge}} = \text{Bahnen je Rolle} \qquad \text{(abrunden)}$$

$$\frac{\text{Bahnenanzahl}}{\text{Bahnen je Rolle}} = \text{Rollenanzahl} \qquad \text{(aufrunden)}$$

Wandbelag aus Bahnen – mit Rapport

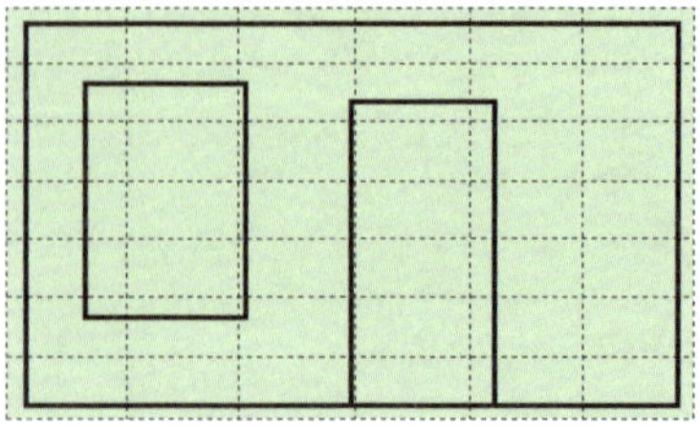

$$\frac{\text{Wandbreite}}{\text{Bahnenbreite}} = \text{Bahnenanzahl} \qquad \text{(aufrunden)}$$

Wandhöhe + Zugabe = Bahnenlänge

$$\frac{\text{Bahnenlänge}}{\text{Rapporthöhe}} = \text{Anzahl Rapporte} \qquad \text{(aufrunden)}$$

Anzahl Rapporte · Rapporthöhe = Zuschnittlänge

$$\frac{\text{Rollenlänge}}{\text{Zuschnittlänge}} = \text{Bahnen je Rolle} \qquad \text{(abrunden)}$$

$$\frac{\text{Bahnenanzahl}}{\text{Bahnen je Rolle}} = \text{Rollenanzahl} \qquad \text{(aufrunden)}$$

Bedarf an Klebstoff

$$\text{Wandfläche}\ [\text{m}^2] \cdot \text{Kleberverbrauch} \left[\frac{\text{kg}}{\text{m}^2}\right] = \text{Kleberbedarf}\ [\text{kg}]$$

Wandbeläge Verschnitt

$$\text{Wandfläche} - \text{Wandbelagsfläche} = \text{Verschnittfläche}$$

$$\frac{\text{Verschnittfläche} \cdot 100\,\%}{\text{Wandbelagsfläche}} = \text{Verschnitt in }\%$$

Wandbeläge – Rollenmaße und Belagsflächen (Auswahl)

Wandbelag	Rollenmaße	Belagsfläche pro Rolle ohne Verschnitt
Glasfasergewebe	25,00 x 1,00 m 50,00 x 1,00 m	25,00 m² 50,00 m²
Tuftingbeläge	25,00 x 2,50 m 25,00 x 4,00 m	62,50 m² 100,00 m²
Gewebe mit rückseitiger Kunststoffbeschichtung	60,00 x 2,60 m 60,00 x 2,95 m	156,00 m² 177,00 m²
Rupfen	50,00 x 1,00 m	50,00 m²
Vinyl-Glasfaser-Verbundbelag	25,00 x 1,06 m	26,50 m²
PVC-Wandbelag	25,00 x 1,20 m	30,00 m²

Abschlüsse mit Zierprofilen, Stuckprofilen und Tapetenleisten

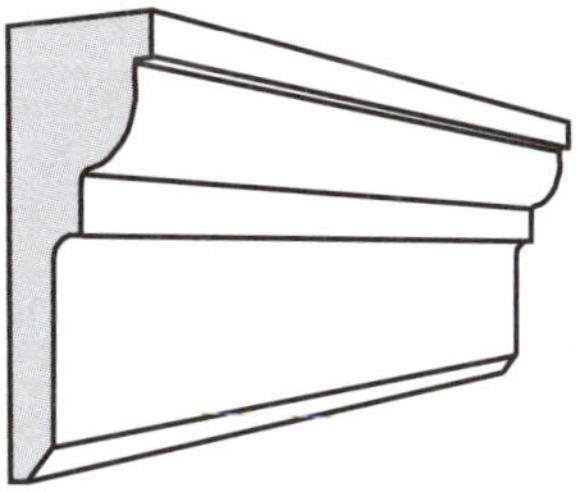

$$\text{Raumumfang} = \text{Leistengesamtlänge}$$

$$\frac{\text{Leistengesamtlänge} \cdot 100\,\%}{(100\,\% - \text{Verschnitt}\,\%)} = \text{Leistenbedarf}$$

$$\frac{\text{Leistenbedarf}}{\text{Leistenlänge}} = \text{Anzahl Leisten}$$

Berechnung bei Bodenlegearbeiten

Verlegung

Fußbodenfläche

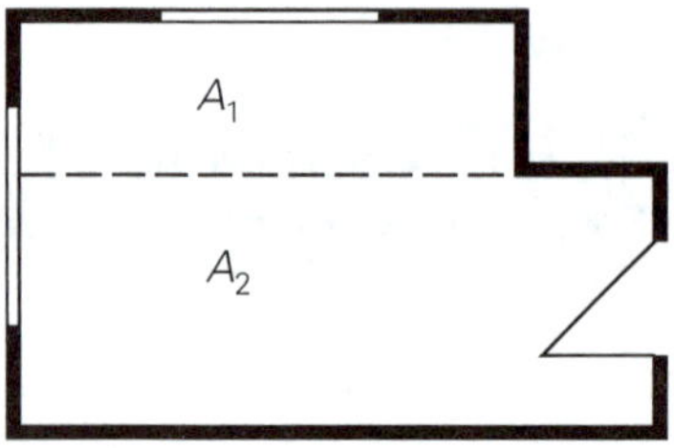

$$A_{ges.} = A_1 + A_2$$

Fußbodenumfang

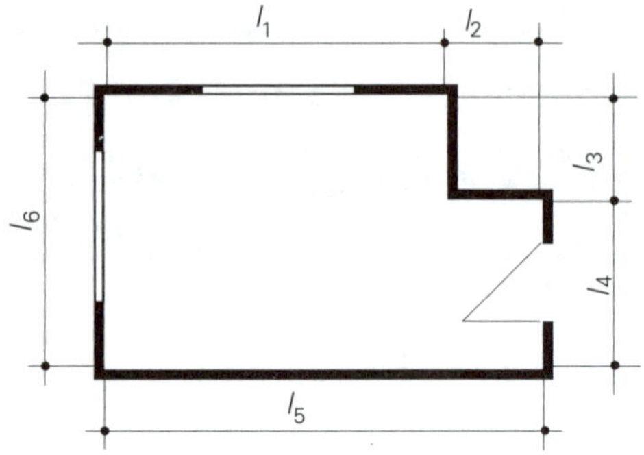

$$U = l_1 + l_2 + \ldots + l_n$$

Bedarf an Vorstrichmittel, Kleber, Fixierung

Verbrauch

Ergiebigkeit

Vorstrichmittel

$$\text{Fußbodenfläche } [\text{m}^2] \cdot \text{Verbrauch} \left[\frac{\text{l}}{\text{m}^2}\right] = \text{Vorstrichmittelmenge [l]}$$

$$\frac{\text{Fußbodenfläche } [\text{m}^2]}{\text{Vorstrichmittelmenge [l]}} = \text{Ergiebigkeit} \left[\frac{\text{m}^2}{\text{l}}\right]$$

Kleber

$$\text{Fußbodenfläche } [\text{m}^2] \cdot \text{Verbrauch} \left[\frac{\text{kg}}{\text{m}^2}\right] = \text{Klebermenge [kg]}$$

$$\frac{\text{Fußbodenfläche } [\text{m}^2]}{\text{Klebermenge [kg]}} = \text{Ergiebigkeit} \left[\frac{\text{m}^2}{\text{kg}}\right]$$

Fixierung

$$\text{Fußbodenfläche } [\text{m}^2] \cdot \text{Verbrauch} \left[\frac{\text{l}}{\text{m}^2}\right] = \text{Fixierungsmenge [l]}$$

$$\frac{\text{Fußbodenfläche } [\text{m}^2]}{\text{Fixierungsmenge [l]}} = \text{Ergiebigkeit} \left[\frac{\text{m}^2}{\text{l}}\right]$$

Bedarf an Spachtel-, Ausgleichs- und Nivelliermasse

$$\text{Fußbodenfläche } [m^2] \cdot \text{Verbrauch } \left[\frac{kg \cdot mm}{m^2}\right] \cdot \text{Auftragsdicke } [mm] = \text{Spachtelmassenmenge } [kg]$$

$$\frac{\text{Fußbodenfläche } [m^2]}{\text{Vorstrichmittelmenge } [l]} = \text{Ergiebigkeit } \left[\frac{m^2}{l}\right]$$

Bedarf an doppelseitigem Klebeband

Summe aller Wandlängen [m] = Klebebandlänge [m]

Bedarf an Klebegitter oder Klebevlies

Fußbodenfläche [m²] ≙ Klebegitterfläche [m²]

$$\frac{\text{Klebegitterfläche } [m^2]}{\text{Klebegitterbreite } [m]} = \text{Bahnenlänge Klebegitter } [m]$$

Bedarf an Dämmunterlage

Fußbodenfläche [m²] ≙ Dämmunterlagenfläche [m²]

$$\frac{\text{Dämmunterlagenfläche } [m^2]}{\text{Dämmunterlagenbreite } [m]} = \text{Bahnenlänge Dämmunterlage } [m]$$

Bodenbeläge

Teppichbodenlänge aus der Rolle

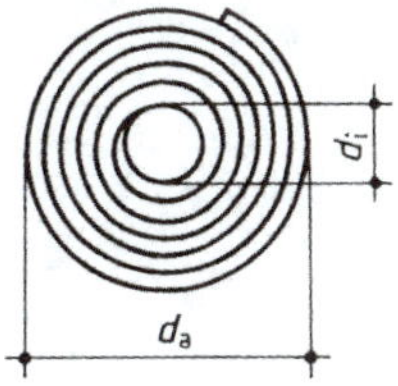

$$\frac{\text{Außendurchmesser} + \text{Innendurchmesser}}{2} \cdot 3{,}14 \cdot \text{Anzahl Windungen} = \text{Rollenlänge}$$

$$\frac{d_a + d_i}{2} \cdot 3{,}14 \cdot n = l_R$$

Bahnenlänge und Bahnenbreite

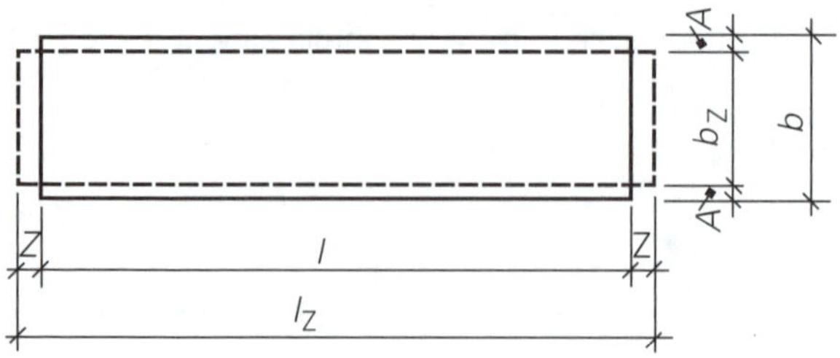

Bahnenlänge + 2 · Zugabe
= Zuschnittlänge

$l + 2 \cdot Z = l_Z$

Bahnenbreite – 2 · Abzug
= Zuschnittbreite

$b - 2 \cdot A = b_Z$

Bedarf an Bodenbelag – ohne Rapport

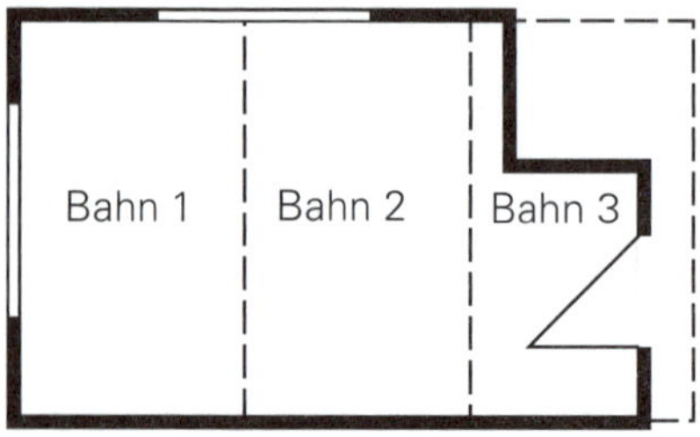

$\frac{\text{Raumbreite}}{\text{Bahnenbreite}}$ = Bahnenanzahl (aufrunden)

Länge Bahn 1 + Zugabe = Zuschnittlänge Bahn 1
Länge Bahn 2 + Zugabe = Zuschnittlänge Bahn 2
Länge Bahn 3 + Zugabe = Zuschnittlänge Bahn 3

Zuschnittlänge Bahn 1
\+ Zuschnittlänge Bahn 2
\+ Zuschnittlänge Bahn 3
= Gesamtlänge

Gesamtlänge · Bahnenbreite = Belagsfläche

Bedarf an Bodenbelag – mit Rapport

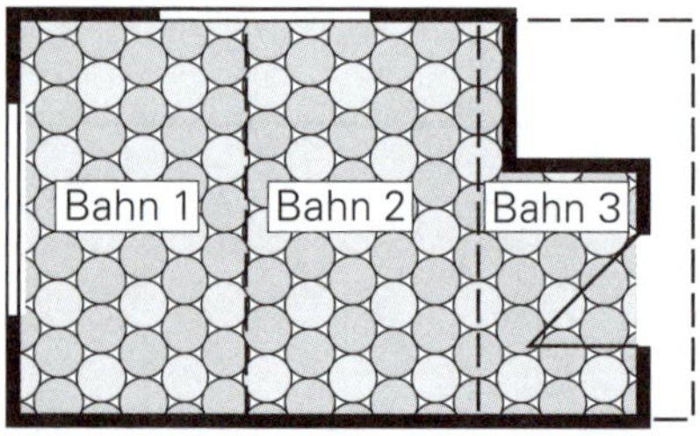

$\frac{\text{Raumbreite}}{\text{Bahnenbreite}}$ = Bahnenanzahl (aufrunden)

Für jede Bahn einzeln berechnen:

$\frac{\text{Bahnenlänge + Zugabe}}{\text{Rapporthöhe}}$ = Anzahl Rapporte (aufrunden)

Anzahl Rapporte · Rapporthöhe = Zuschnittlänge

Zuschnittlänge Bahn 1
\+ Zuschnittlänge Bahn 2
\+ Zuschnittlänge Bahn 3
= Gesamtlänge

Gesamtlänge · Bahnenbreite = Belagsfläche

Bodenbeläge Verschnitt

Belagsfläche – Fußbodenfläche = Verschnittfläche

$$\frac{\text{Verschnittfläche} \cdot 100\%}{\text{Belagsfläche}} = \text{Verschnitt in } \%$$

Schweißschnur oder Schmelzschnur

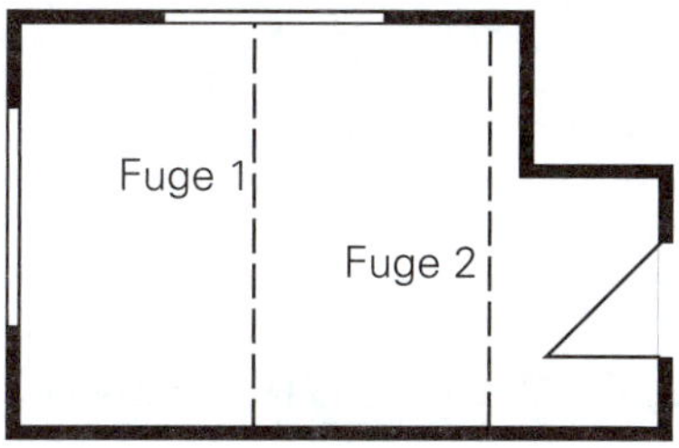

Bahnenanzahl – 1 = Fugenanzahl

  Fugenlänge1
\+ Fugenlänge2
\+ …
\+ Fugenlänge n
= Fugengesamtlänge

$$\frac{\text{Fugenlänge} \cdot 100\%}{(100\% - \text{Verschnitt}\%)} = \text{Schnurbedarf}$$

Sockelleisten

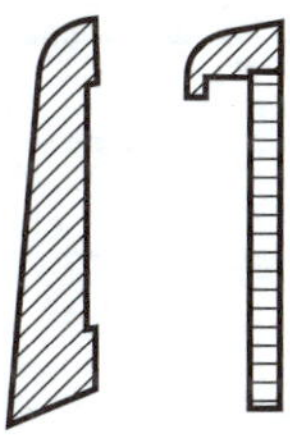

  Raumumfang
– Türöffnungen
\+ Kurzstücke für Nischentiefe
= Sockelleistengesamtlänge

$$\frac{\text{Sockelleistenlänge} \cdot 100\%}{(100\% - \text{Verschnitt}\%)} = \text{Sockelleistenbedarf}$$

$$\frac{\text{Sockelleistenbedarf}}{\text{Sockelleistenlänge}} = \text{Anzahl Sockelleisten}$$

Parkett- und Laminat-Elemente

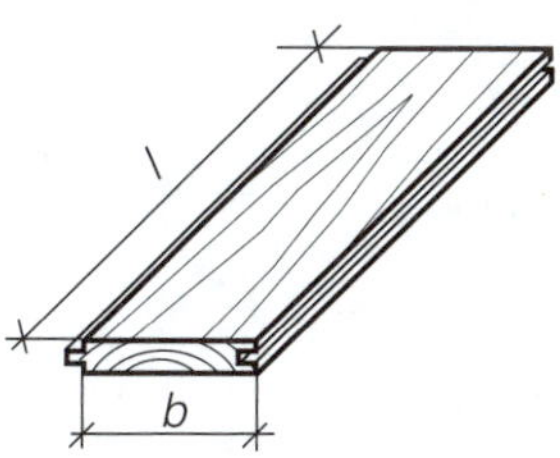

Elementlänge · Elementbreite = Elementfläche

$$\frac{\text{Raumfläche} \cdot 100\%}{\text{Elementarfläche} \cdot (100\% - \text{Verschnitt}\%)} = \text{Anzahl Elemente}$$

Normalerweise genügen 4 – 7% Verschnitt

Bodenverspannungen

Nagelleistenverbrauch für Bodenverspannungen

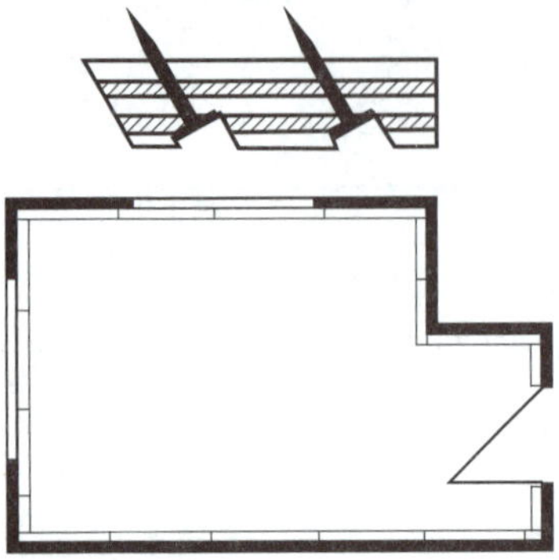

Raumumfang
– Türöffnungen
+ Kurzstücke für Nischentiefe
= Nagelleistengesamtlänge

$$\frac{\text{Nagelleistengesamtlänge} \cdot 100\%}{(100\% - \text{Verschnitt}\%)} = \text{Nagelleistenbedarf}$$

$$\frac{\text{Nagelleistenbedarf}}{\text{Nagelleistenlänge}} = \text{Anzahl Nagelleisten}$$

Nagelleisten (Auswahl)

Material	Länge cm	Breite cm	Nagelhöhe cm	Nagelreihen
Sperrholz	122	4,7	0,4	2
	30	4,7	0,5	2
	152,4	4,7	0,5	3
	30	4,7	0,5	3
Aluminium	122	2,2	0,3	2
	30	2,2	0,3	2

Bedarf an Vliesunterlage für Bodenverspannungen

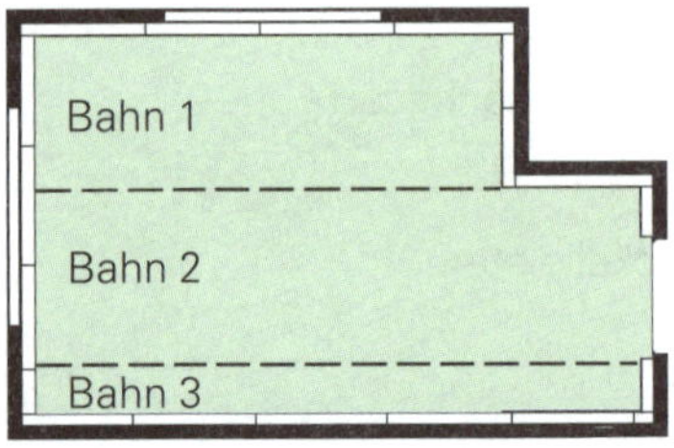

$$\frac{\text{Raumbreite}}{\text{Bahnenbreite}} = \text{Bahnenanzahl}$$ (aufrunden)

Raumlänge = Bahnenlänge

Bahnenanzahl · Bahnenlänge = Gesamtlänge

$$\frac{\text{Gesamtlänge}}{\text{Rollenlänge}} = \text{Rollenanzahl}$$ (aufrunden)

Bedarf an Bodenbelag für Bodenverspannungen

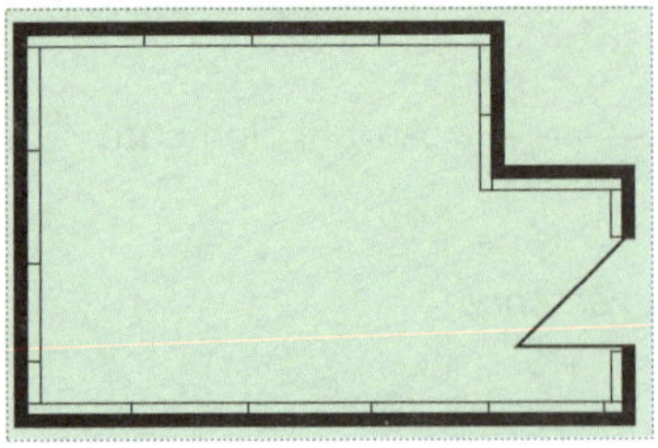

Raumlänge + Zugabe = Belagslänge

Raumbreite + Zugabe = Belagsbreite

Fliesenbedarf

Fliesenbedarf bei Parallelverlegung

$$\frac{\text{Raumlänge}}{\text{Fließmaß}} = \text{Fliesenanzahl längs} \qquad \text{(aufrunden)}$$

$$\frac{\text{Raumbreite}}{\text{Fließmaß}} = \text{Fliesenanzahl quer} \qquad \text{(aufrunden)}$$

Fliesenanzahl längs · Fliesenanzahl quer = Fliesenbedarf

Für die Nischen und Türöffnungen wird der Fliesenbedarf zusätzlich ermittelt.

Bei mehreren Fliesenfarben:

$$\frac{\text{Fliesenbedarf}}{\text{Anzahl Farben}} = \text{Fliesenbedarf je Farbe}$$

Fliesenbedarf bei Parallelverlegung und umlaufendem Fries

Für die Fliesenfläche:

$$\frac{\text{Raumlänge}}{\text{Fließmaß}} = \text{Fliesenanzahl längs} \qquad \text{(abrunden)}$$

$$\frac{\text{Raumbreite}}{\text{Fließmaß}} = \text{Fliesenanzahl quer} \qquad \text{(abrunden)}$$

Fliesenanzahl längs · Fliesenanzahl quer = Fliesenbedarf

Bei mehreren Fliesenfarben:

$$\frac{\text{Fliesenbedarf}}{\text{Anzahl Farben}} = \text{Fliesenbedarf je Farbe}$$

Für den umlaufenden Fries:

$$\frac{\text{Raumlänge} - (\text{Fliesenanzahl längs} \cdot \text{Fliesenmaß})}{2} = \text{Friesbreite in Raumlänge}$$

$$\frac{\text{Raumbreite} - (\text{Fliesenanzahl quer} \cdot \text{Fliesenmaß})}{2} = \text{Friesbreite in Raumbreite}$$

$$\frac{\text{Raumumfang}}{\text{Fließmaß}} = \text{Fliesenbedarf Fries}$$

Für die Nischen und Türöffnungen wird der Fliesenbedarf zusätzlich ermittelt.

Fliesenbedarf bei Schrägverlegung

Fliesenmaß · 1,414 = Fliesendiagonale

$$\frac{\text{Raumlänge}}{\text{Fliesendiagonale}} = \text{Fliesenanzahl längs} \quad \text{(aufrunden)}$$

$$\frac{\text{Raumbreite}}{\text{Fliesendiagonale}} = \text{Fliesenanzahl quer} \quad \text{(aufrunden)}$$

Fliesenanzahl längs · Fliesenanzahl quer · 2 = Fliesenbedarf

Für die Nischen und Türöffnungen wird der Fliesenbedarf zusätzlich ermittelt.
Bei mehreren Fliesenfarben:

$$\frac{\text{Fliesenbedarf}}{\text{Anzahl Farben}} = \text{Fliesenbedarf je Farbe}$$

Fliesenbedarf bei Schrägverlegung und umlaufendem Fries

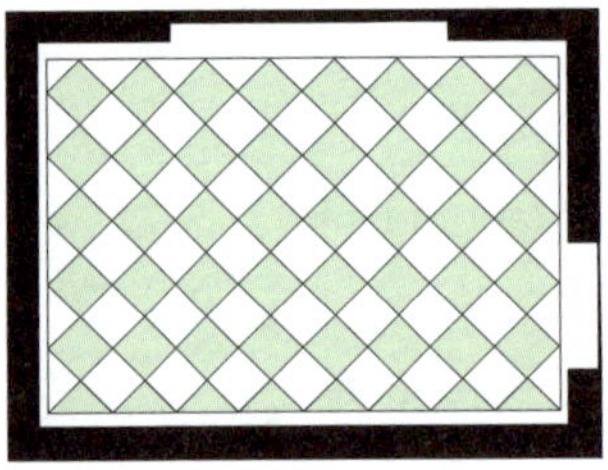

Fliesenmaß · 1,414 = Fliesendiagonale

$$\frac{\text{Raumlänge}}{\text{Fliesendiagonale}} = \text{Fliesenanzahl längs} \quad \text{(aufrunden)}$$

$$\frac{\text{Raumbreite}}{\text{Fliesendiagonale}} = \text{Fliesenanzahl quer} \quad \text{(aufrunden)}$$

Fliesenanzahl längs · Fliesenanzahl quer · 2 = Fliesenbedarf

Für die Nischen und Türöffnungen wird der Fliesenbedarf zusätzlich ermittelt.
Bei mehreren Fliesenfarben:

$$\frac{\text{Fliesenbedarf}}{\text{Anzahl Farben}} = \text{Fliesenbedarf je Farbe}$$

Für den umlaufenden Fries:

$$\frac{\text{Raumlänge} - (\text{Fliesenanzahl längs} \cdot \text{Fliesendiagonale})}{2} = \text{Friesbreite in Raumlänge}$$

$$\frac{\text{Raumbreite} - (\text{Fliesenanzahl quer} \cdot \text{Fliesendiagonale})}{2} = \text{Friesbreite in Raumbreite}$$

$$\frac{\text{Raumumfang}}{\text{Fließmaß}} = \text{Fliesenbedarf Fries}$$

Für die Nischen und Türöffnungen wird der Fliesenbedarf zusätzlich ermittelt.

Treppen

Gerade Treppe mit Setzstufe

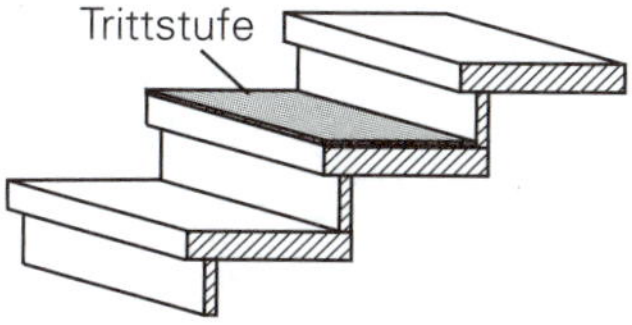

Trittstufentiefe · Stufenbreite = Stufenfläche

Stufenfläche · Anzahl Stufen = Belagsbedarf

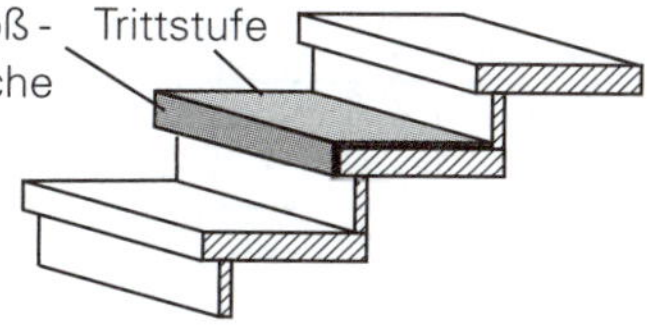

Trittstufentiefe + Stoßfläche = Belagslänge

Belagslänge · Stufenbreite = Stufenfläche

Stufenfläche · Anzahl Stufen = Belagsbedarf

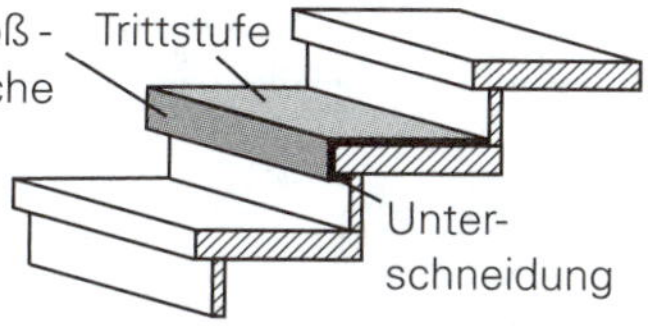

Trittstufentiefe + Stoßfläche + Unterschneidung = Belagslänge

Belagslänge · Stufenbreite = Stufenfläche

Stufenfläche · Anzahl Stufen = Belagsbedarf

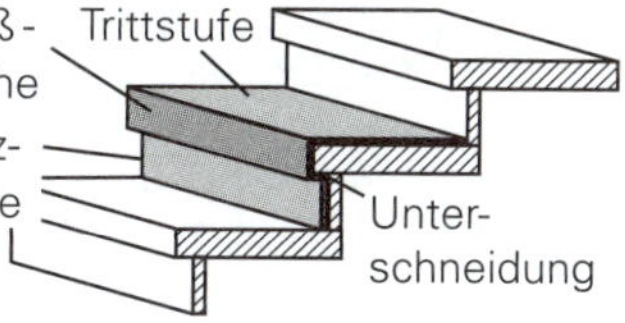

Trittstufentiefe + Stoßfläche + Unterschneidung + Setzstufenhöhe = Belagslänge

Belagslänge · Stufenbreite = Stufenfläche

Stufenfläche · Anzahl Stufen = Belagsbedarf

Gerade Treppe ohne Setzstufe

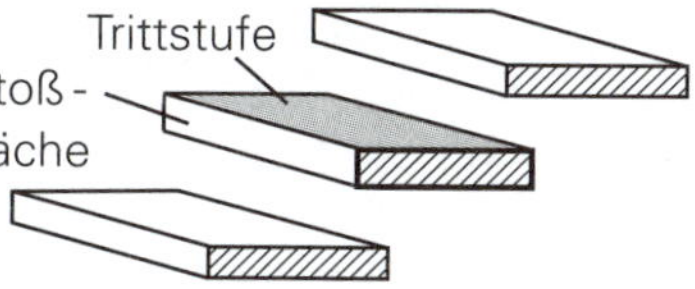

(Trittstufentiefe + Stoßfläche) · 2 = Belagslänge

Belagslänge · Stufenbreite = Stufenfläche

Stufenfläche · Anzahl Stufen = Belagsbedarf

Bedarf an Treppenstangen

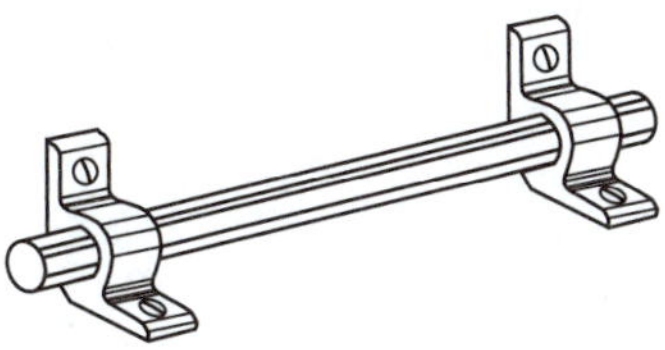

Stufenbreite = Stangenlänge

Treppen ohne Unterschneidung:
Anzahl Stufen = Anzahl Treppenstangen

Treppen mit Unterschneidung:
Anzahl Stufen · 2 = Anzahl Treppenstangen

Lohnberechnung und Kalkulation

Lohnberechnungen

Lohnarten

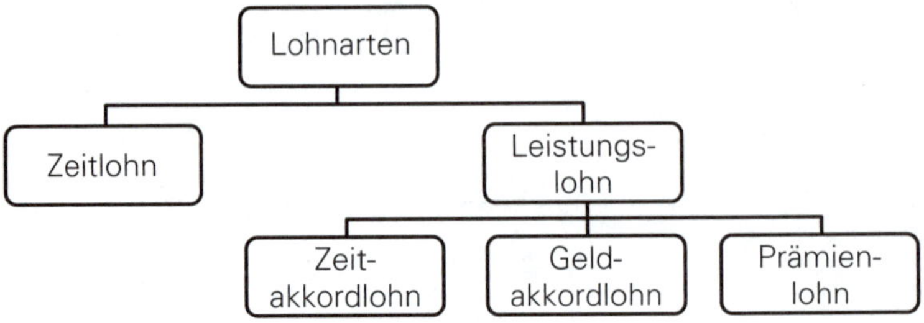

Zeitlohn

Zeitlohn (€) = Stundenzahl (h) · Stundenlohn [€/h]

Zeitakkordlohn

$$\frac{\text{Einzelvorgabezeit [min/Stück]} \cdot \text{Geldfaktor [ct/min]} \cdot \text{Produktionsmenge [Stück]}}{\text{100 [ct/€]}} = \text{Zeitakkordlohn [€]}$$

$$\text{Geldfaktor [ct/min]} = \frac{\text{Tariflohn [€/h] + 15\% Zuschlag}}{\text{60 [min/h]}} \cdot \text{100 [ct/min]}$$

Geldakkordlohn

Geldakkordlohn [€] = Mengenleistung [Einheit] · Geldakkordsatz [€/Einheit]

$$\text{Geldakkordsatz [€/Einheit]} = \frac{\text{Tariflohn [€/h] + 15\% Zuschlag}}{\text{Einheiten/h}}$$

Prämienlohn

Prämienlohn [€/h] = Zeit- oder Akkordlohn [€/h] + Prämie [€/h]

Zeitgrad

$$\text{Zeitgrad [\%]} = \frac{\text{Vorgabezeit je Einheit [min/Stück]} \cdot 100\%}{\text{gebrauchte Zeit je Einheit [min/Stück]}}$$

Lohnzuschläge

$$\text{Lohnzuschlag [€/h]} = \frac{\text{Stundenlohn [€/h]} \cdot \text{Zuschlagsatz [\%]}}{100\,\%}$$

Zuschlagsätze für Mehrarbeitsstunden (abhängig vom Tarifvertrag):

bis 2 Stunden täglich	25%	an arbeitsfreien Samstagen:	
ab der 3. Stunde täglich	60%	bis 3 Stunden	30%
für Nachtarbeit	50%	ab 4 Stunden	50%
an nicht lohnzahlungspflichtigen Sonntagen und Feiertagen	100%	an lohnzahlungspflichtigen Feiertagen	200%

Berechnung des Nettolohns

	Arbeitsstunden · Stundenlohn (*Grundlohn oder Tariflohn*)		
+	Zuschläge (*tariflich festgelegte Überstundenzuschläge oder zugesicherte Prämie*)		
+	Sonderzahlungen (*z. B. Weihnachtsgeld, Urlaubsgeld*)		
=	Bruttolohn		
–	Lohnsteuer	(*aus Bruttolohn*)	
–	Krankenversicherung	(*aus Bruttolohn*)	Sozialversicherungen
–	Pflegeversicherung	(*aus Bruttolohn*)	Sozialversicherungen
–	Rentenversicherung	(*aus Bruttolohn*)	Sozialversicherungen
–	Arbeitslosenversicherung	(*aus Bruttolohn*)	Sozialversicherungen
–	Solidaritätszuschlag	(*aus Lohnsteuer*)	
–	Kirchensteuer	(*aus Lohnsteuer*)	
=	Nettolohn		

Kostenrechnen und Kalkulation

Allgemeiner Gemeinkostensatz

$$\text{Gemeinkostensatz[\%]} = \frac{\text{Summe der Jahresgemeinkosten [€]} \cdot 100\,\%}{\text{Summe der Jahresfertigungslöhne [€]}}$$

Gesamtkosten = Einzelkosten + Gemeinkosten

Fertigungslohn-Gemeinkosten

$$\frac{\text{Fertigungslohneinzelkosten [€/h]} \cdot \text{Gemeinkostensatz[\%]}}{100\,\%} = \text{Fertigungslohn – Gemeinkosten [€/h]}$$

Fertigungskosten [€/h] = Fertigungslohneinzelkosten [€/h] + Gemeinkosten [€/h]

Kalkulation (Zuschlagkalkulation)

Werkstoffkosten

Bezeichnung	Stück	Preis	Gesamt
		€	€
		€	€
		€	€
			€

Werkstoff-gemeinkosten

€	: 100 ·	%	=	€
Werkstoffkosten		Zuschlag		

Lohnkosten

Bezeichnung	Anzahl	€/Stunde	Gesamt
			€
			€
			€
			€

Lohn-gemeinkosten

€	: 100 ·	%	=	€
Lohnkosten		Zuschlag		

Herstellkosten

Werkstoffkosten + Werkstoffgemeinkosten + Lohnkosten + Lohngemeinkosten = €

Wagnis und Gewinn

€	: 100 ·	%	=	€
Herstellkosten		Prozent		

Nettoverkaufspreis

Herstellkosten + Wagnis und Gewinn = €

Mehrwertsteuer

€	: 100 ·	%	=	€
Nettoverkaufspreis		MwSt.		

Bruttoverkaufspreis

Nettoverkaufspreis + Mehrwertsteuer = €

Nettowerkstoffkosten

	Werkstoffkosten
+	Werkstoffgemeinkosten
=	Selbstkostenpreis
+	Wagnis und Gewinn
=	Nettowerkstoffpreis

Werkstofffaktor

Werkstofffaktor = Nettowerkstoffpreis : 100

Berechnung der Werkstoffpreise mit dem Werkstofffaktor

Nettowerkstoffpreis = Werkstoffkosten · Werkstofffaktor

Nettolohnkosten

	Stundenlohn
+	Lohngemeinkosten
=	Selbstkostenpreis
+	Wagnis und Gewinn
=	Nettolohnpreis

Lohnfaktor

Lohnfaktor = Nettolohnpreis : 100

Berechnung der Lohnpreise mit dem Lohnfaktor

Nettolohnpreis = Lohnkosten · Lohnfaktor

Nettoverkaufspreis

Nettoverkaufspreis = Nettowerkstoffpreis + Nettolohnpreis

Rechnungspreis

Rechnungspreis = Nettoverkaufspreis + gesetzliche Mehrwertsteuer

Abschreibungen

Lineare Abschreibungen

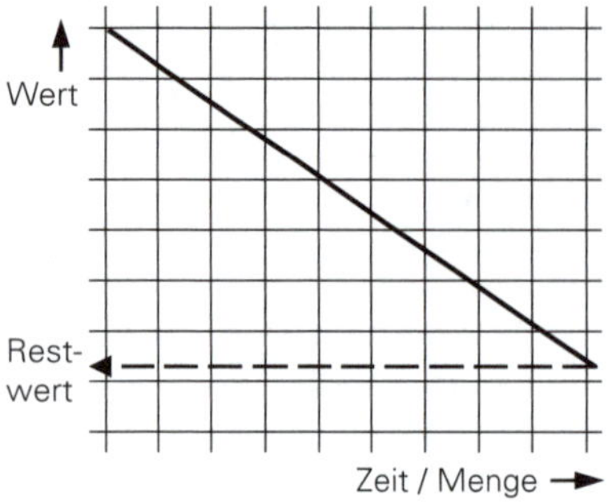

$$\text{Abschreibungssatz [\%]} = \frac{100\%}{\text{Lebensdauer in Jahren}}$$

$$\text{Abschreibung [€/Jahr]} = \frac{\text{Anschaffungswert [€]}}{\text{Lebensdauer in Jahren}}$$

Jährlicher Abschreibungswert
= Neuwert · Abschreibungssatz

Degressive Abschreibung

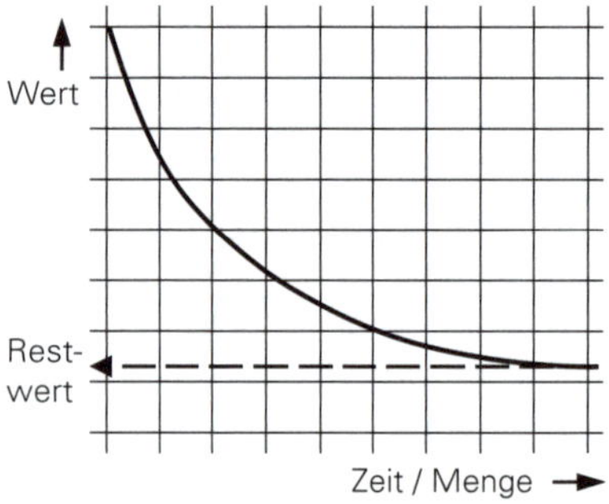

$$BW_n = NW \cdot \left(1 - \frac{p}{100\%}\right)^n$$

BW	Buchwert
n	Anzahl der Jahre
NW	Neuwert
p	Abschreibungssatz

Verzinsung

$$\text{Verzinsung} = \frac{\text{Mittelwert der Anschaffungskosten [€]} \cdot \text{Zinssatz [\%]}}{100}$$

Sachwortverzeichnis

A

B

C

D

E

F

L

M

N

O

P

Q

R

S

T